国网上海市电力公司
电力专业实用基础知识系列教材

电网接线与设备选型

国网上海市电力公司人力资源部　组编

中国电力出版社
CHINA ELECTRIC POWER PRESS

内 容 提 要

《国网上海市电力公司电力专业实用基础知识系列教材》以“理论够用、工作实用、上海特色”为宗旨，旨在开发一套理论知识与电力生产实际相融合的实用型教材，以期帮助电力企业各类生产岗位员工，特别是新进员工，提升电力专业知识水平，助力企业员工成长。

本册教材为《电网接线与设备选型》，全书共五章，主要内容包括电网结构、变电站电气主接线、主设备选型、变电站选址及线路选线、综合实例。全书内容丰富，尤其注重基本理论、基本原则与生产实际相结合，辅以大量实例、图片作为支撑，论例结合紧密，特色鲜明。

本书可作为电力从业人员通识教育培训教材，也可作为高等院校相关专业师生的教学参考书，还可供从事电力工程领域工作的相关技术人员参考。

图书在版编目（CIP）数据

电网接线与设备选型 / 国网上海市电力公司人力资源部组编 .—北京：中国电力出版社，2022.10（2025.7 重印）

国网上海市电力公司电力专业实用基础知识系列教材

ISBN 978-7-5198-6892-5

Ⅰ.①电… Ⅱ.①国… Ⅲ.①电网—电气接线—教材 ②电网—电气设备—选型—教材 Ⅳ.① TM7

中国版本图书馆 CIP 数据核字（2022）第 119726 号

出版发行：中国电力出版社
地　　址：北京市东城区北京站西街 19 号（邮政编码 100005）
网　　址：http：//www.cepp.sgcc.com.cn
责任编辑：陈　硕（010-63412532）
责任校对：黄　蓓　郝军燕
装帧设计：赵姗姗
责任印制：吴　迪

印　　刷：北京锦鸿盛世印刷科技有限公司
版　　次：2022 年 10 月第一版
印　　次：2025 年 7 月北京第三次印刷
开　　本：710 毫米 ×1000 毫米　16 开本
印　　张：15.25　插页 5 张
字　　数：230 千字
定　　价：95.00 元

《国网上海市电力公司电力专业实用基础知识系列教材》

本书编写组

组　长　何　明　陈家良

副组长　陈　明　傅晓飞　黄小龙　陈婷玮　赵　璐　尚芳屹

成　员　张　征　夏　夷　刘　鑫　尚　瑨　曹育硕　罗萍萍　叶　影
　　　　　黄丽莎

前　言

PREFACE

随着国家电网有限公司“建设具有中国特色国际领先的能源互联网企业”战略目标的实施，对公司员工专业素质的要求不断提高。为进一步提升公司员工，特别是新进员工，对电力专业的基础性认知和必备理论的掌握水平，国网上海市电力公司自2017年起，组织技术技能专家及培训教学专家，历时五年，编撰了《国网上海市电力公司电力专业实用基础知识系列教材》。

该套教材以“理论够用、工作实用、上海特色”为宗旨，在内容编排上，坚持理论与实践的辩证统一，以理论够用为度，特别注重工程实例的融合，以使理论基础更好地服务于电力生产；在写作方式上，深入浅出，阐述简明，可读易懂；在素材收集上，锁定上海特大城市电网的特色，地域特色鲜明。本套教材是技能实训教材的理论基础，是高校理论教材的实践应用，书中每章均以小结对主要内容加以归纳，典型例题指导读者实践基本方法，习题与思考题供读者练习并进一步领会重要理论和方法。

本书编写组负责全书编写、统稿。本书在编写与出版过程中，得到了国网上海市电力公司多位领导、专家的指导与帮助，在此表示衷心的感谢。

限于编者的水平，书中不足之处在所难免，恳请各位读者提出宝贵意见。

编　者

2022年7月

目录

CONTENTS

第1章 CHAPTER ONE

电　网　结　构　01

电网结构反映了电力系统中发电厂、变电站等厂站的连接关系，决定了电网中潮流的分布。不同电压等级的电网在电力系统中发挥的作用不同，在结构上也存在较大区别。合理的电网结构是满足输电安全性、保证供电可靠性、提高运行灵活性、降低网络损耗的基础。本章主要介绍不同电压等级的电网结构，并结合上海电网等实例介绍各电压等级电网的实际应用情况，同时通过对上海电网发展脉络的介绍，体现当前主干电网成形与发展的沿革。

1.1 概　　述

电力系统是指由发电、输电、配电、用电等环节组成的电能生产、传输、分配和消费的系统，图 1-1 为现代电力系统示意图。电力系统的主体由供电电源、电网和电力用户构成。供电电源指将一次能源转换成电能的火力发电、水力发电、核电、清洁能源发电等各类发电厂以及抽水蓄能等储能电站。电力用户指经济社会生活中各类大、小、交、直流用电负荷。电网是电力系统的中间环节，承担着电能输送和分配的任务。电网由电源的升压变电站、交直流输电线路、降压变电站、配电线路等构成，其功能是将电能输送到负荷中心，再经配电线路供给用户。电力系统网络节点交织密布，为各类用户输送大量电能，对经济社会的发展具有重要意义。

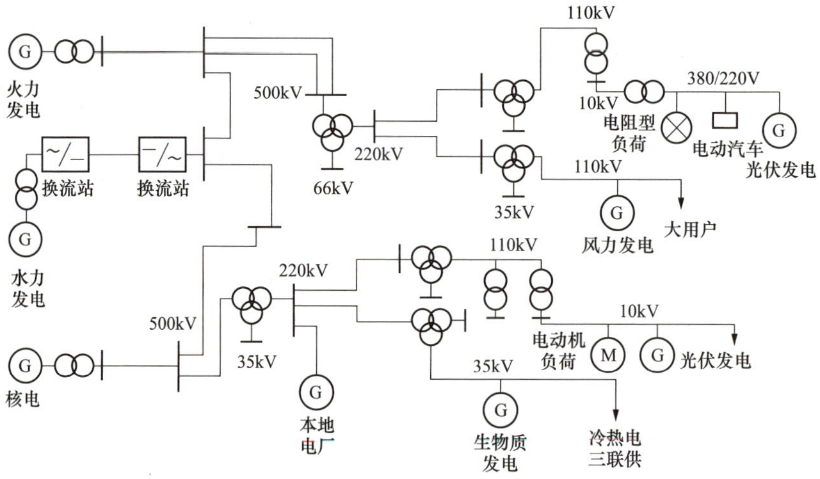

图 1-1　现代电力系统示意图

电网结构是指电网内各发电厂、变电站等的布局，以及它们之间电力线路的连接方式。合理的电网结构应满足电压等级与供需容量相互匹配，网络结构强简有序、相互支援，以实现电网技术经济的整体最优。

目前，电网输配电系统以交流方式为主。一般来说，将与上游电源端相连接的高压电力网络称作输电网，而将中下游与用户端相连接的低压电力网络称作配电网。交流电压等级分类通常见表 1-1。上海交流电网的主要电压等级有 380V、10kV、35kV、110kV、220kV、500kV、1000kV。

表 1–1　　交流电压等级分类

输电网电压等级	特高压（kV）	1000
	超高压（kV）	330、500、750
	高压（kV）	220
配电网电压等级	高压（kV）	35、110
	中压（kV）	10
	低压（V）	380

电网在整体规划设计时采用分层分区的原则，不同电压等级对应电网中的不同分层。交流 1000kV 主要用于构建区域主网网架以及区域电网的联络。交流 500kV 主要用于构成省内主网网架以及省际电网的联络。交流 220kV 主要用于构成省内不同供电分区主网网架。110kV 及以下主要形成用户配电网网架。电网的分区以变电站布点、负荷特性、行政区域、主要地理特征等为条件，对电网覆盖区域进行供电分区的划分，各个分区间保留一定比例的联络。

随着特高压直流输电技术的发展，我国直流输电线路也在不断建设中，直流输电线路主要用于电能的远距离、大容量输送以及区域电网的“背靠背”联络。目前，我国直流输电的电压等级有 ±400、±500、±800、±1100kV 等。送至上海的直流电压等级有 ±800kV 和 ±500kV，直流落地后经换流变转换为交流，再接入交流 500kV 或 220kV 电网中。直流在配电网中的应用一般见于分布式发电、小型微网内部，此外配电网用户中也有相当数量的直流负荷。

1.2 输电网结构

用电需求的增长是电网发展的根本驱动和导向。高压输电网构成电网的主干网架，随着我国经济社会的不断发展，社会用电需求也随之增长，主干网架电压等级随之提高。500kV 和 220kV 电网在发展和形成的初期，主要用于满足重要地区电能的输送需求，仅有少量的站点和线路，不足以构成网架。随着用电需求的快速增长，500kV 电网快速发展，新规划的 500kV 站点和线路达到一定数量后，联络形成网架，目前已与特高压电网共同构成我国区域电网的主网架。220kV 电网依托主干网架分区规划，形成地区电网的主网架。

1.2.1 500kV 电网结构

由于我国电力资源禀赋和经济发展、电力需求在分布上存在地区差异，因此需要对电能进行大容量、远距离的输送。随着特高压电网的不断发展，目前电能的大容量、远距离输送主要通过特高压交、直流电网实现。500kV 电网的建设，主要以 1000kV 特高压站点及直流站点为核心，承载着将大量电能进行分配、转送的重任。500kV 电网在建设时，主要以提高电网的受电能力、输送能力、联络能力和供电能力为目标，考虑供电区域的整体布局、源荷情况等，以电网原有网架为基础，进行网络结构的设计和优化，实现 500kV 电网与特高压电网的顺利衔接和协调发展。

随着我国电网的不断发展建设，500kV 站点和输电线路越来越多，500kV

电网构成各省电网的主网架，同时省际电网的联络也主要通过 500kV 输电线路实现。从区域范围和省域范围层面看，500kV 电网呈现出网格型布局。而从城市层面看，特大型、大型城市负荷高、密度大，相应建成的 500kV 厂站和输电线路较多，500kV 网架可呈现为环网结构或网格型结构。中小型城市 500kV 站点少，占据省域 500kV 网架的对应节点，站点布置首要服从省域 500kV 网架规划，在城市范围内不以形成特定的网架结构为目标。

图 1-2 为 500kV 环网结构示意图。环网结构在形态上可分为单环网、双半环网和双环网等，分别对应城市发展的不同阶段。单环网和双半环网均可以过渡到双环网。

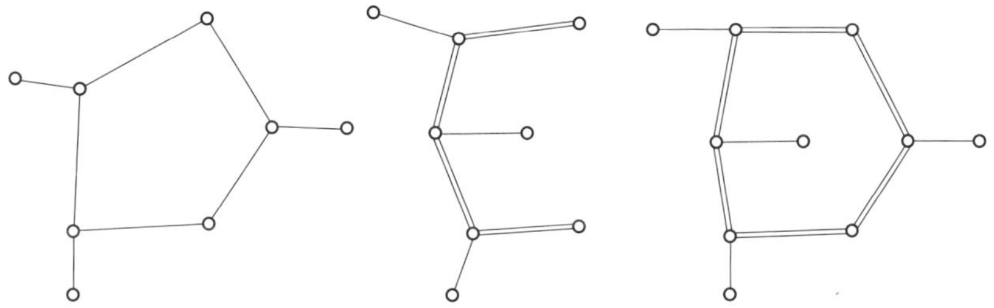

（a）单环网　（b）双半环网　（c）双环网

图 1-2　500kV 环网结构示意图

图 1-3 为省域 500kV 电网结构示意图。在省域范围层面，500kV 电网呈现

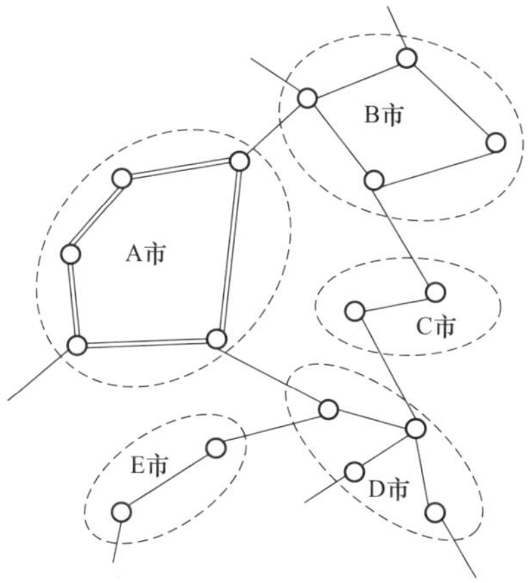

图 1-3　省域 500kV 电网结构示意图

网格型布局，网格结构由多个城市的500kV环网和500kV站点叠加而成。在各城市中，A市500kV电网已形成双环网结构，B市为单环网结构，D市呈网格型结构，C市、E市仅有两座500kV变电站，是省域网格型500kV电网的一部分。

1.2.2 上海500kV电网结构

上海隶属于华东区域，上海电网是华东电网的一部分。目前，华东电网已形成以长三角都市群为中心的网格状受端电网格局。由于从外部电网受入大量电力，因此在交、直流输电落点需要建设大量的输电线路将电能送出。为了提高电网的可靠性以及资源配置能力，华东电网已建成“球拍型”1000kV交流特高压网架，与500kV电网协调发展，共同构成华东电网的主网架。特高压直流整流后接入交流电网，与交流电网相互影响又相互支撑，共同保障区域主网的安全稳定运行。

上海作为国内特大型城市之一，500kV电网形成了双环网加东半环和南半环的结构模式，通过六个落点，“五交四直”从区外电网受电，区内由四座500kV发电厂向主网供电。2020年上海电网全社会用电量1568亿kWh，高峰负荷达到3311万kW左右。截至2020年底，上海500kV电网结构如图1-4所示。

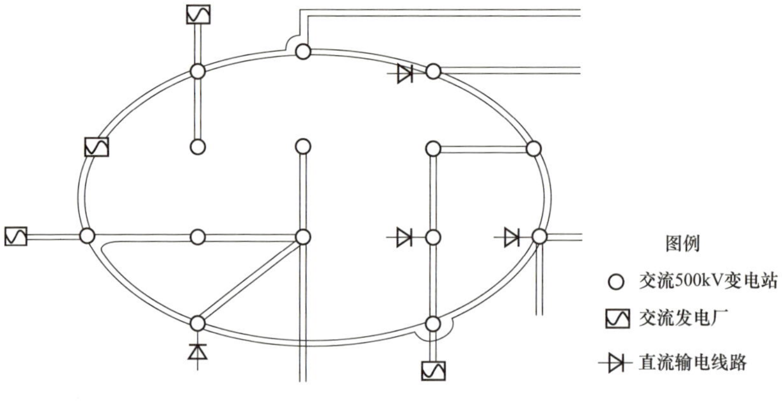

图1-4　2020年底上海500kV电网结构示意图

与其他地区 500kV 主网架相比，上海 500kV 电网具有负荷密度高、线路距离短等特点，易导致短路电流超标。为了降低网架中短路电流，在部分站点采取了将 3/2 接线出串运行的方式。同时，还对部分 500kV 线路进行改造，在线路中加装串联电抗器，以拉长电气距离，降低短路电流水平。

随着经济社会的进一步发展，上海电网仍在不断发展中，新规划的 500kV 变电站也在建设中。在未来的一段时间内，上海 500kV 电网仍将维持当前双环网的主体格局。

1.2.3 220kV 电网结构

220kV 电网是连接超高压输电网与配电网的关键纽带。220kV 电网是地区电网的主网架，承担着分配 500kV 网架所输送电能的重任。220kV 网架不仅要满足电源接入送出的要求，提供可靠的电力，还必须有一定的裕度和应变能力，电网接线要求简明、层次清晰，保证电网运行灵活、经济。为了保证充足的供电能力，同时考虑系统安全稳定性、经济适用性，目前，220kV 电网主要采用分区供电的模式进行规划。每个 220kV 分区通过一个或多个 500kV 变电站与 500kV 主网联络。220kV 电网分区运行在降低短路电流、控制潮流等方面具有重要现实意义。

1. 分区模式

一般来讲，当高电压等级环网运行且网架坚强，为确保电网结构优化，较低电压等级电网应分区规划和运行。这种划分以电力电量合理地实现就地就近供需平衡为原则，电网的分区应遵循以下原则：

（1）独立原则。合理的分区应尽量使区内的负荷与装机基本平衡。

（2）可靠原则。分区后电网结构更加清晰，应保证足够的应急联络通道，保证供电的可靠性。

根据供电区域内 500kV 变电站数量和运行方式的不同，220kV 电网主要可分为独立分区和互联分区两种模式。

（1）独立分区是指以一座 500kV 变电站和若干 220kV 地方电厂作为电源

点，运行时只有一座500kV变电站作为与系统的联络点。为了保证供电能力及可靠性，分区内500kV变电站中一般有3回及以上500kV线路，2台及以上500kV主变压器（简称主变），如果主变数量较少，还需要一定的220kV电源支撑。

图1-5为220kV独立分区结构示意图。图中共有4座500kV变电站，220kV分为4个分区运行，每个分区由一座500kV变电站供电，分区之间通过220kV线路联络。

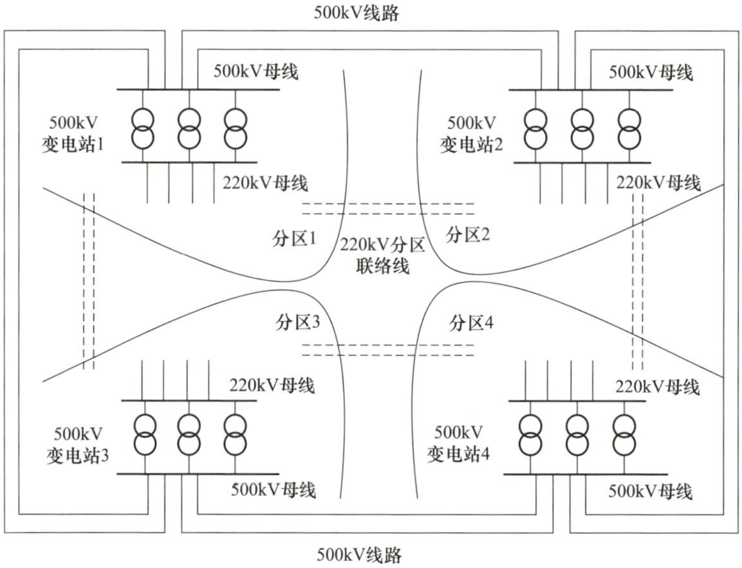

图1-5　220kV独立分区结构示意图

（2）互联分区以两座及以上500kV变电站和若干220kV地方电厂作为电源点，运行时有两座及以上500kV变电站作为与系统的联络点。一般每个500kV变电站至少有1台主变，2座500kV变电站之间的联络线需要强联系以满足故障下的潮流转移。

图1-6为220kV互联分区结构示意图，图中共4座500kV变电站，220kV分为4个分区运行，图中每个分区通过两座500kV变电站与主网联络，分区间通过220kV线路联络，也可以通过500kV变电站内220kV母线的分段断路

器进行联络。

220kV 电网分区后，正常运行情况下各个分区间联络线断开，事故情况下通过合上联络线断路器互相支援，灵活调整运行方式，保证各个分区供电的可靠性。在每个分区内，220kV 网架围绕 500kV 变电站 220kV 母线，一般呈链式、放射状或自环网结构。

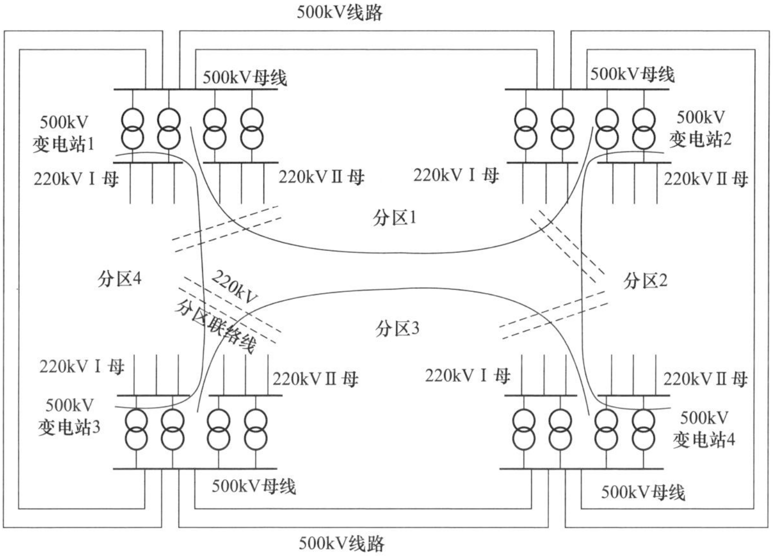

图 1-6 220kV 互联分区结构示意图

2. 不同分区模式的特点

独立分区模式和互联分区模式有各自的特点和适用范围。

从主变的供电能力看，独立分区每个供区的供电能力除考虑供区内的电源规模外，只取决于 500kV 变电站的降压容量。而互联分区中主变来自不同的 500kV 变电站，由于主变及电网参数存在区别，造成主变分配负荷不均，无法充分利用主变最大供电能力。

从短路电流控制看，互联分区主变来自不同的 500kV 变电站，因此短路电流水平较独立分区模式小。独立分区每个供区视接入 220kV 电源的规模，一般 500kV 站内最多可接入 3 ～ 4 台主变。而若按同样的短路电流控制标准，互联分区每个供区最多可接入 4 ~ 7 台主变（主变台数视电气距离而定）。

此外，电网发展的不同阶段、不同水平对于分区方式要求也不同。在 500kV 电网发展初期或 500kV 电网比较薄弱的地区，如 500kV 进出线较少的终端站或 500kV 变电站只有 2 台主变的情况下，互联分区较独立分区具有更高的供电可靠性。而当 500kV 电网发展到一定程度或 500kV 电网电气距离较近的地区，每个 500kV 变电站均是电网的枢纽点，进出线较多且 500kV 变电站至少有 3 台主变的情况下，采用独立分区即能保证可靠供电，因此更适合采用独立分区模式。

同时，220kV 电网发展水平也会影响分区模式的选择，在 500kV 变电站间 220kV 联络通道较少的地区，如采用互联分区，需要新建较多的联络通道，经济性较差。而在 220kV 联络通道较多的地区，如采用独立分区，正常运行时要拉停较多的线路，采用互联分区线路利用效率更高。

综上分析，独立分区模式更能充分利用主变供电能力，短路电流水平略高，运行方式简单，更适合在负荷密度高、500kV 变电站电气距离紧密及地区 220kV 及以下电源较少的情况；而互联分区模式在电网发展的过渡时期，或在地区 220kV 及以下电源较多及 500kV 变电站间 220kV 联络通道较多的地区更能体现其优势。在大部分负荷密度适中区域，两种模式均可行，具体的模式选择可结合 500kV 变电站的位置、供电范围、220kV 电源接入容量和分区间 220kV 联网强弱等因素确定。

1.2.4 上海 220kV 电网结构

上海 220kV 电网依托 500kV 主网分为 14 个分区运行。由于上海负荷密度较高，500kV 变电站电气距离紧密，因此 220kV 采用独立分区模式，运行时各分区电网之间相对独立，必要时互相支援。220kV 分区电网供电方式为，从 500kV 变电站和发电厂提供电源，经 220kV 架空线路或电缆线路，向 220kV 中心变电站送电，再从 220kV 中心站，经 220kV 输电线路，向 220kV 中间变电站或终端变电站送电。图 1-7 为上海 220kV 分区供电模式示意图。

220kV 中心站直接从 500kV 变电站（或 220kV 主力电厂）受电并向其他 220kV 变电站转供电力；中间站全部或部分回路从其他 220kV 变电站受电，并通过少数回路向 220kV 终端站供电；终端站不再向其他 220kV 变电站转供电力。

从电气距离上，220kV 中心站距离 500kV 主网距离最近，中间站次之，终端站最远。从厂站规模上，220kV 中心站规模最大，220kV 最终规模具有 9 ~ 20 回进出线，宜采用双母线四分段接线；中间站 220kV 最终规模具有 6 ~ 12 回进出线，通常可采用双母线、双母线三分段、双母线四分段或单母线分段接线；终端站一般不设 220kV 母线，220kV 大多采用线路—变压器组接线，一般仅 2 回或 3 回线路。

如图 1-7 所示，500kV 环网上变电站 1 和变电站 2 分别带两个 220kV 分区运行。其中 220kV 中心站 2 的 220kV 母线分段断路器为两个分区的解

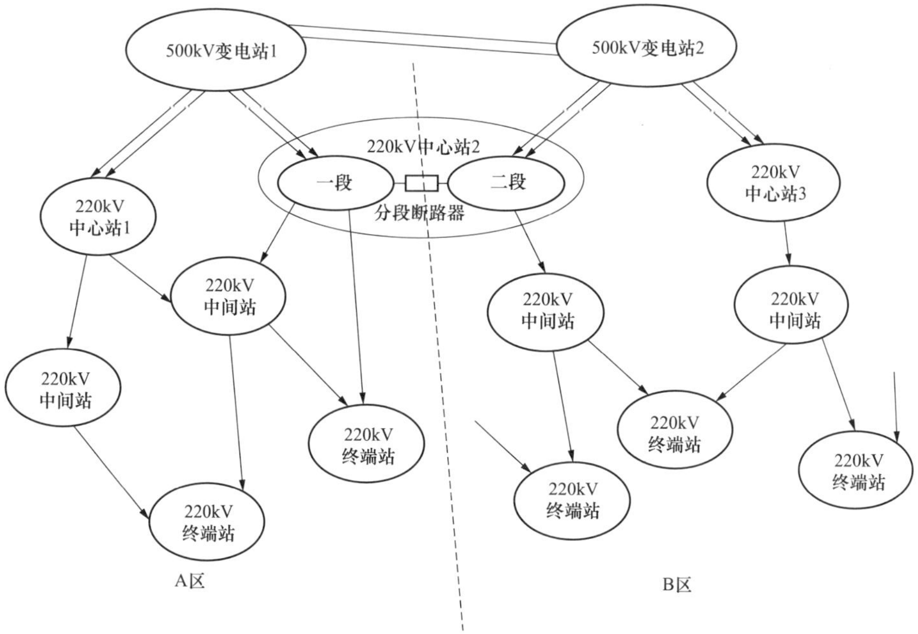

图 1-7　上海 220kV 分区供电模式示意图

列点。正常运行情况下，该站分段断路器热备用，A 区和 B 区分区运行。当 500kV 变电站 1 主变或重要输电线路检修时，向 A 区供电能力会受到影响。此时，可以通过合上 220kV 中心站 2 分段断路器，使 A 区和 B 区互联运行，也可以转移负荷，通过潮流的分配调整，保证两个 220kV 分区供电的可靠性。

“十四五”期间，上海 220kV 电网将延续原有网架结构形式，至 2025 年，在现有基础上规划新增两个 220kV 分区，供电分区总数达到 16 个。分区间结合近远期规划建设联络通道，新建联络通道的远景饱和输送能力应不低于 100 万 kVA。

1.3 高压配电网结构

1.3.1 110/35kV 电网结构

依据 Q/GDW 10738—2020《配电网规划设计技术导则》的规定，110/35kV 电网结构主要有辐射、环网、链式结构，本小节将介绍每种结构的优缺点和适用范围。

1. 辐射结构

从上级变电站引出同一电压等级的线路，接入本级变电站的母线，该电网结构称为辐射结构。辐射结构为单侧电源接线。该结构可分为单辐射、双辐射和多辐射三种类型。

（1）单辐射。单辐射是由一个变电站的一回线路供电的辐射结构，其接线示意图如图 1-8 所示。单辐射结构不满足 *N*–1 准则。

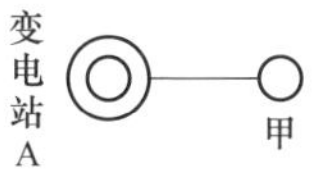

图 1-8 单辐射接线示意图

（2）双辐射。双辐射是由一个变电站的两回线路供电的辐射结构，其接线示意图如图 1-9 所示。

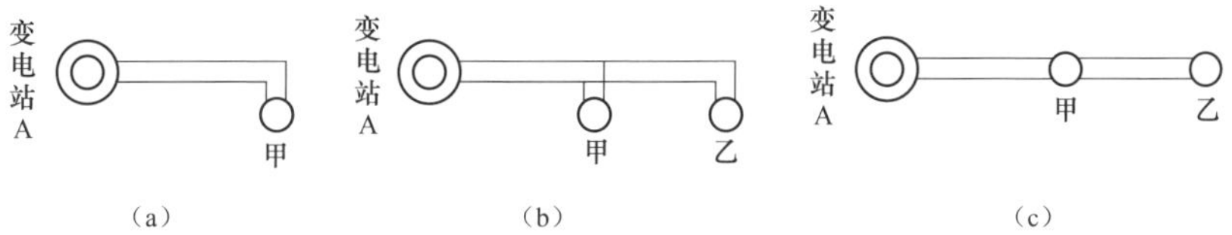

图 1-9 双辐射接线示意图

（3）多辐射。多辐射是由一个变电站的三回及以上线路供电的辐射结构，其接线示意图如图 1-10 所示。

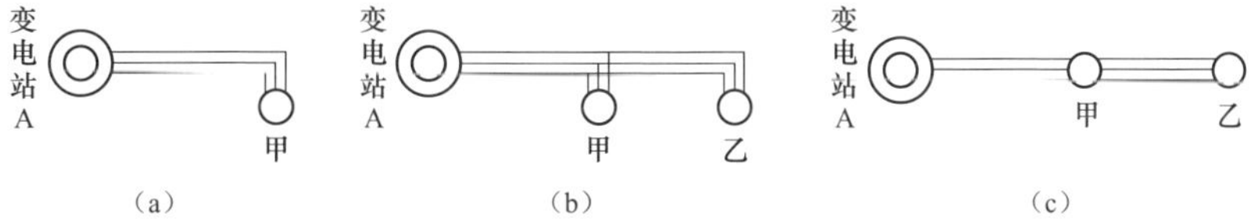

图 1-10 多辐射接线示意图

辐射结构的优点是接线简单，适应发展性强；缺点是该结构中的高压变电站依旧只有来自同一变电站的不同母线电源，负荷转移能力相对较差。辐射结构适用于负荷密度较低、可靠性要求不高的地区。

2. 环网结构

从上级变电站的不同母线引出同一电压等级的一回或双回线路，接入本级变电站的母线（或桥），并依次串接两个（或多个）变电站，通过另外一回或双回线路与起始电源点相连，形成首尾相连的环形接线模式，这种电网结构称为环网结构。环网结构为单侧电源接线，结构为环网结构，运行方式为开环运行。其可分为单环网和双环网两种类型。

（1）单环网。单环网是由同一变电站不同路径的两回线路分别给两个变电站供电，站间设置一回联络线路。单环网接线示意图如图 1-11 所示。

（2）双环网。双环网是由同一变电站不同路径的四回线路分别给两个变电站供电，站间设置两回联络线路。双环网接线示意图如图 1-12 所示。

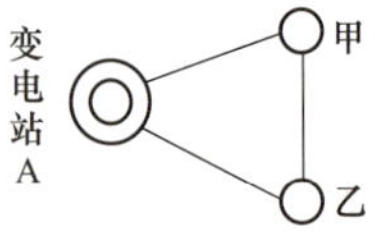

图 1-11　单环网接线示意图

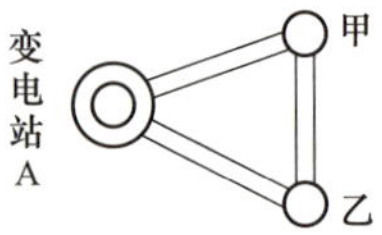

图 1-12　双环网接线示意图

环网结构中只有一个电源，变电站间为单线或双线联络。环网结构的优点是扩展性强；缺点是供电电源单一，负荷转移能力相对较差。环网结构适用于网络形成初期。环网结构尽量沿不同通道串接，避免由于通道故障造成失电负荷无法转移的情况发生。

3. 链式结构

从上级变电站引出同一电压等级的一回或多回线路，依次 T 接或 π 接到变电站的母线（或环入环出单元、桥），末端通过另外一回或多回线路与其他电源点相连，形成链式接线模式，这种电网结构称为链式结构。链式结构为双侧电源接线。其可分为单链、双链和三链三种类型。一般而言，同时存在 T 接和 π 接的电网结构称为 T、π 混合或混合结构。

（1）单链。单链是由不同变电站的两回线路供电，站间设置一回联络线路，其接线示意图如图 1-13 所示。

（2）双链。双链是由两个不同变电站各出两回线路供电，站间设置两回联络线路，其接线示意图如图 1-14 所示。

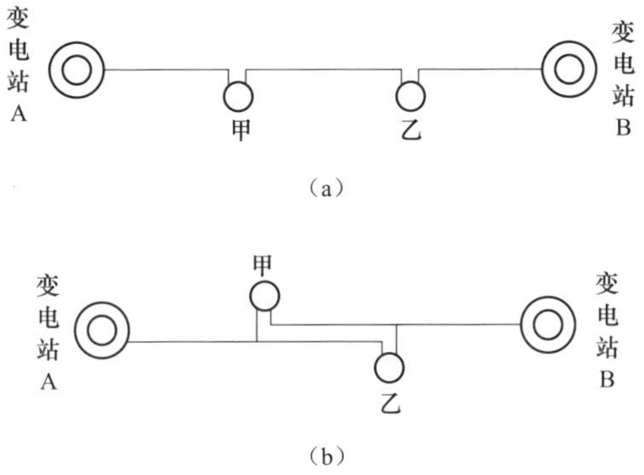

图 1-13 单链接线示意图

（3）三链。三链是由两个不同变电站各出三回线路供电，站间设置三回联络线路，其接线示意图如图 1-15 所示。

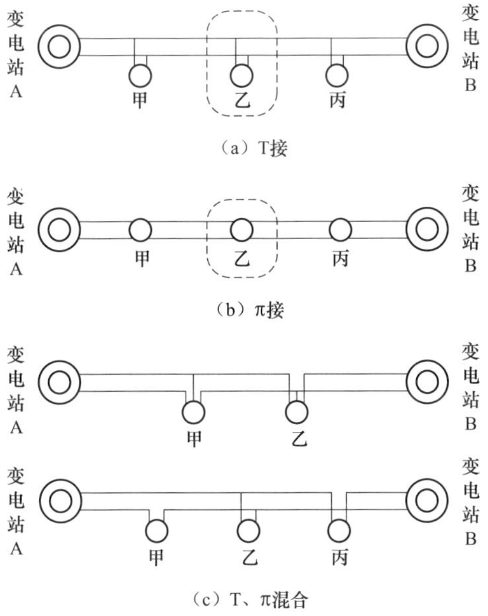

图 1-14 双链接线示意图

链式结构的优点是运行灵活，供电可靠性高，负荷转移能力强；缺点是出线投资相对较大。链式结构适用于对供电可靠性要求高的区域。

链式结构尽量沿不同通道串接，避免由于通道故障造成失电负荷无法转移的情况发生。

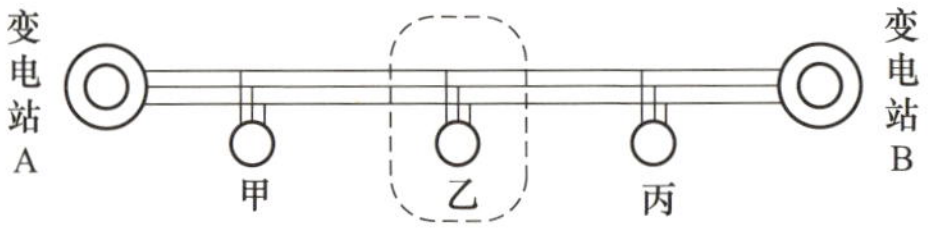

（a）T接

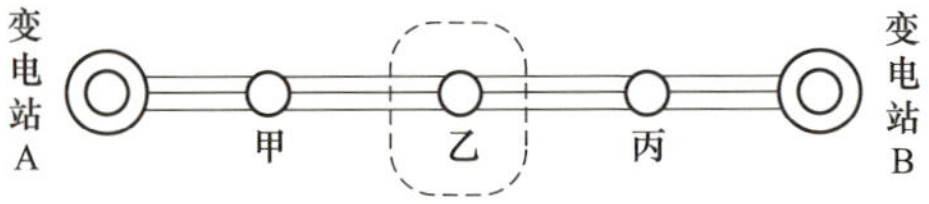

（b）π接

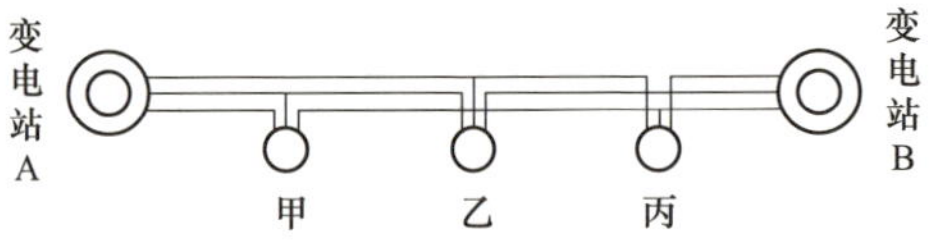

（c）T、π混合

图 1–15　三链接线示意图

综上所述，高压配电网接线模式的选择要因地制宜，结合地区发展规划，选择成熟、合理、技术经济先进的方案。高压配电网结构综合对比情况见表1-2。因链式结构的 π 接需要增加线路和断路器数量，一般情况下，链式结构中的 π 接结构的可靠性和投资均高于 T 接结构。

表 1–2　　高压配电网结构综合对比表

序列	网架结构	可靠性	高压线路是否满足 *N*–1 原则
1	单辐射	低	不满足
2	双辐射	一般	满足
3	多辐射	一般	满足
4	单环网	一般	满足
5	双环网	较高	满足
6	单链	较高	满足
7	双链	高	满足
8	三链	高	满足

1.3.2 上海 110kV 电网结构

1. 目标电网结构

依据《上海电网规划设计技术导则（试行）》（2014 版）的规定，上海 110kV 电网结构应按最终双侧电源“手拉手”三链接线模式规划。双侧电源“手拉手”三链接线模式的两侧为 220kV 电源站，中间串联 2 到 4 个 110kV 变电站，串联供电的回路中设置一个开环点，其余断路器均在合位运行，110kV 变电站的进线电源宜来自（或追溯自）不同 220kV 变电站，典型结构图如图 1-16 所示。图中，110kV 侧采用“一进三出”（包含一台主变）的接线形式，即单母线上有一条进线和三条出线（包含主变），三出（送用户）未绘制出线；“—■—”表示断路器在合闸位置，“—□—”表示断路器在分闸位置”，线路 1、线路 2 和线路 3 构成了一条链式接线，断路器 4 设置为开环点。

2. 过渡时期电网结构

依据《上海电网规划设计技术导则（试行）》（2014 版）的规定，110kV 电网建设过渡时期，可采用双侧电源辐射或“环进环出”“手拉手”双链接线模式，如图 1-17 所示；也可以采用“手拉手”架空 T 接模式，如图 1-18 所示。

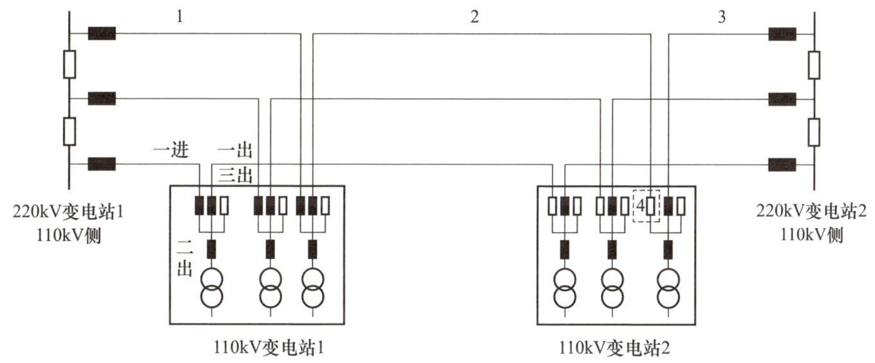

图 1-16 上海 110kV 配电网“手拉手”三链典型结构示意图

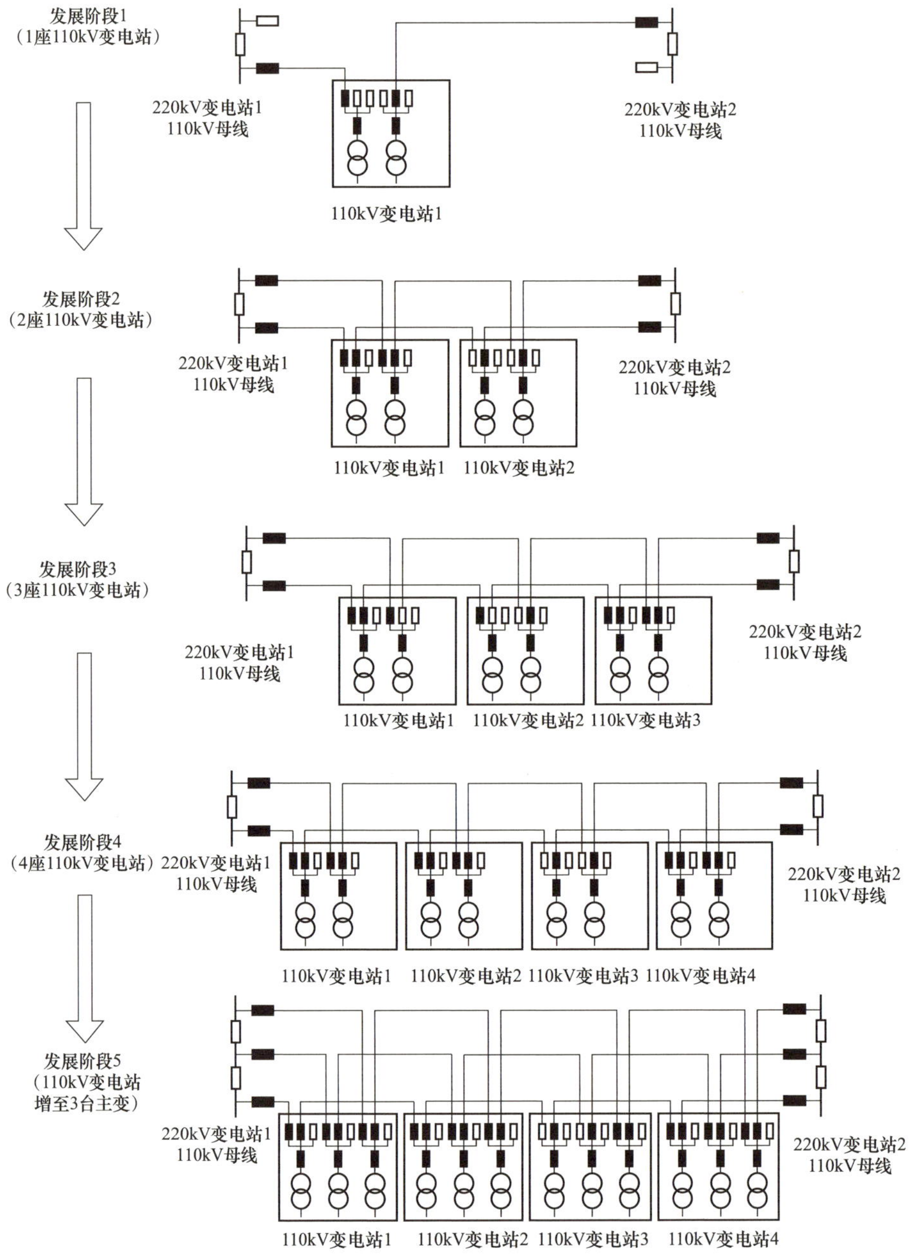

图 1-17　上海 110kV 电网“手拉手”三链结构过渡模式示意图

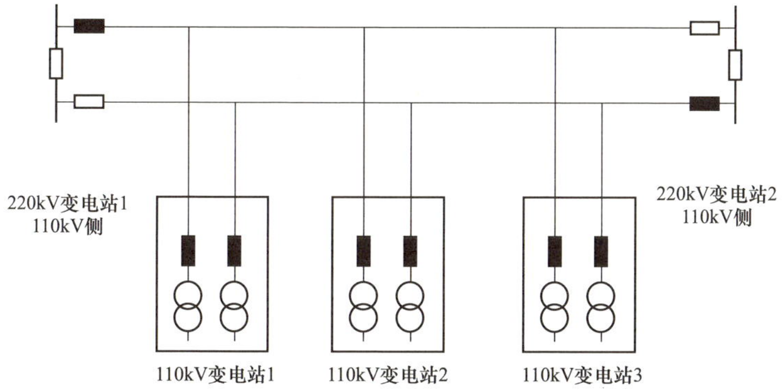

图 1-18　上海 110kV 电网“手拉手”T 接模式示意图

1.3.3　上海 35kV 电网结构

依据《上海电网规划设计技术导则（试行）》（2014 版）的规定，上海 35kV 配电网应按最终双侧电源的辐射接线模式规划，35kV 变电站的进线电源宜来自不同 220kV 变电站，35kV 侧采用线路—变压器组接线或一进三出（包括一台主变）带开关站性质的接线形式，如图 1-19 所示，一般来说，仅来自一座 220kV 变电站的线路应作为 35kV 变电站的中间主变进线。这是为了当一侧 220kV 变电站全部停电时，最大限度地降低了 35kV 变电站的停电风险。

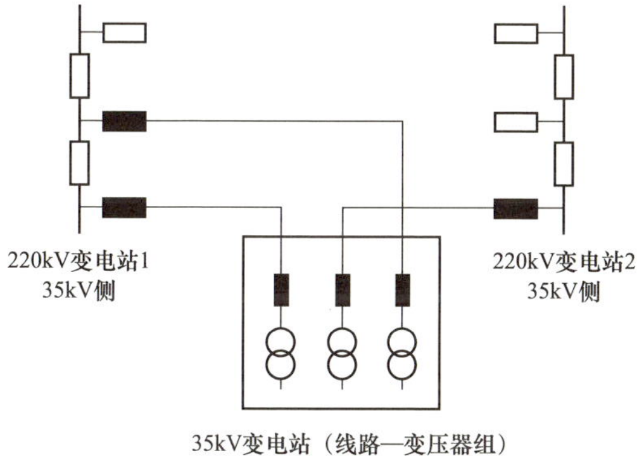

（a）线路—变压器组接线形式

图 1-19　上海 35kV 配电网双侧电源辐射接线模式示意图（一）

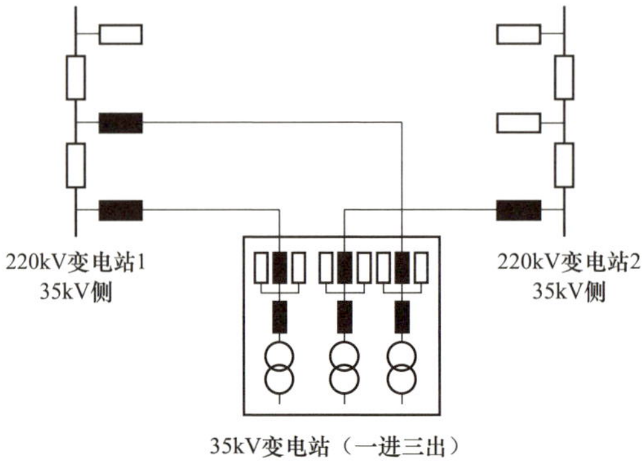

（b）“一进三出”接线形式

图 1-19　上海 35kV 配电网双侧电源辐射接线模式示意图（二）

1.4 中压配电网结构

1.4.1　10kV 配电网结构

依据 Q/GDW 10738—2020《配电网规划设计技术导则》的规定，10kV 配电网结构可分为架空网、电缆网两个维度，本小节将分别从架空网和电缆网介绍 10kV 中压配电网结构。

1. 10kV 架空网结构

10kV 架空网结构主要有多分段单辐射、多分段单联络、多分段适度联络三种接线方式。

（1）多分段单辐射。通过分段点将某单辐射线路分成几段，即为多分段单辐射接线。多分段单辐射接线示意图如图 1-20 所示。

多分段单辐射结构的优点表现在简单清晰、运行方便、建设投资低；缺点是当电源故障时，则将导致整条线路停电，供电可靠性差，不能满足 *N*–1 准则，但主干线正常运行时的负荷率可达到 100%。有条件或必要时，该结构可发展过渡为同站单联络或异站单联络。

图 1–20 多分段单辐射接线示意图

多分段单辐射结构一般适用于用户负荷重要性较低及负荷密度较低、电源布点稀疏的地区。

（2）多分段单联络。多分段单联络结构是通过一个联络开关，将来自不同变电站（开关站）的电源母线或相同变电站（开关站）不同电源母线的两条馈线连接起来。多分段单联络接线一般分为本变电站单联络和变电站间单联络两种。其示意图如图 1-21 所示。

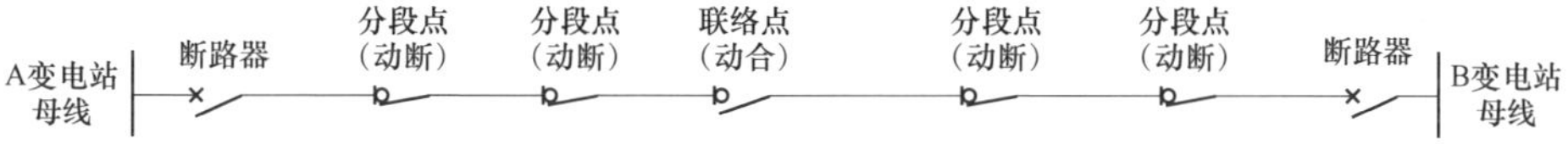

图 1–21 多分段单联络接线示意图

多分段单联络结构的最大优点是可靠性比多分段单辐射结构高，接线简单、运行比较灵活；满足 *N*–1 准则，主干线正常运行时各线平均负荷载约为 50%。

（3）多分段适度联络。多分段适度联络结构采用环网或链式接线开环运行方式，分段与联络数量应根据用户数量、负荷密度、负荷性质、线路长度和环境等因素确定，一般来说线路可分为三个分段，设置 2 到 3 个联络点。

三分段两联络结构是通过两个联络断路器，将变电站的一条馈线与来自不同变电站或相同变电站不同电源母线的其他两条馈线连接起来。三分段两联络接线示意图如图 1-22 所示。

三分段两联络结构最大的特点和优势是可以有效提高线路的负载率，降低不必要的备用容量。在满足 N–1 准则的前提下，主干线正常运行时各线平均负载率可达到 67%。

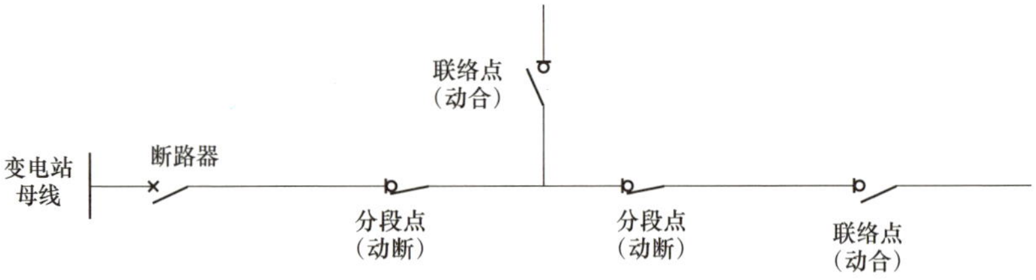

图 1–22　三分段两联络接线示意图

三分段三联络结构是通过三个联络开关，将变电站的一条馈线与来自不同变电站或相同变电站不同电源母线的其他三条馈线连接起来。任何一个区段故障，均可通过联络开关将非故障段负荷转供到相邻线路。三分段三联络接线示意图如图 1-23 所示。

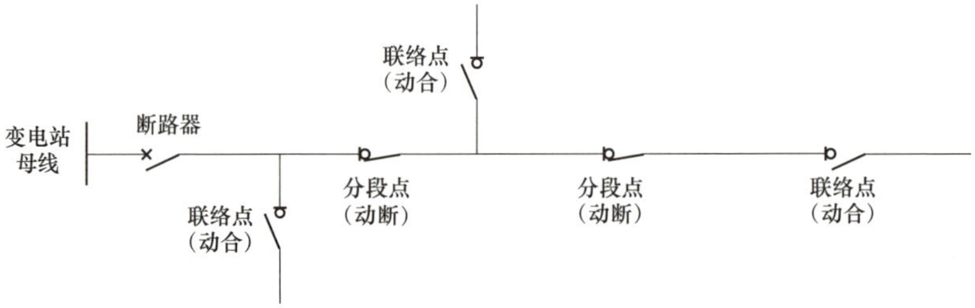

图 1–23　三分段三联络接线示意图

三分段三联络结构在满足 N–1 准则的前提下，主干线正常运行时各线平均负载率可达到 75%。该结构适用于负荷密度较大，可靠性要求较高的区域。

2. 10kV 电缆网结构

10kV 电缆网结构主要有单环式、双环式两种接线方式。

（1）单环式。单环式是自同一供电区域的两个变电站的电源母线（或一个变电站的不同电源母线）或两个开关站的电源母线（或一个开关站的不同电源母线）构成单环网，开环运行。双侧电源单环式接线示意图如图 1-24 所示。

（2）双环式。双环式是自同一供电区域的两个变电站（开关站）的不同电源母线各引出一回线路或同一变电站的不同电源母线各引出一回线路，构成双环式接线方式。如果环网单元采用双母线不设分段开关的模式，双环网本质上是两个独立的单环网。双侧电源双环式接线示意图如图 1-25 所示。

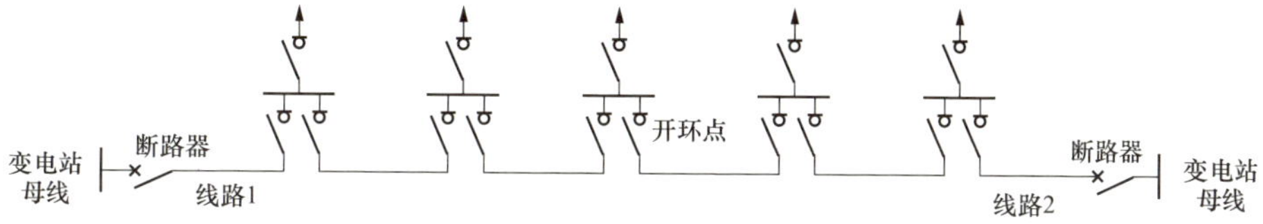

图 1–24　双侧电源单环式接线示意图

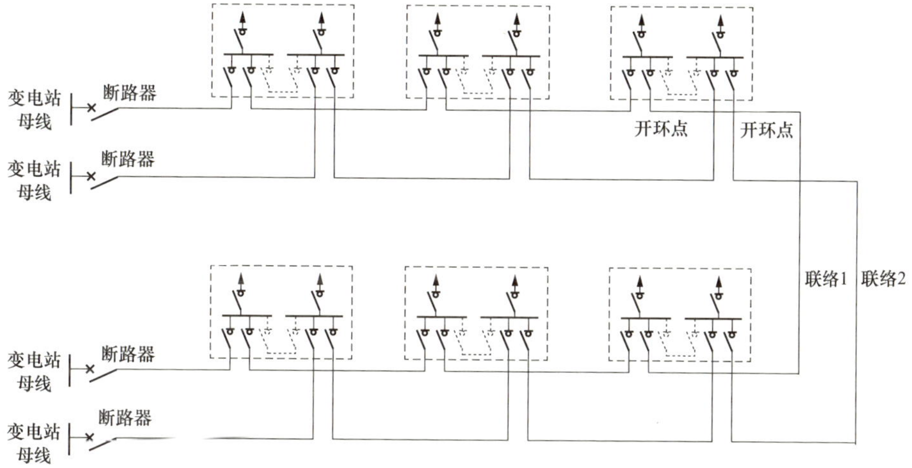

图 1–25　双侧电源双环式接线示意图

1.4.2　目标网架过渡

中压配电网应根据地方经济发展对供电能力和供电可靠性的要求，通过电网建设和改造，逐步过渡到目标网架。

1. 架空网结构发展过渡

对于辐射式结构，在过渡期可采用首端联络，以提高供电可靠性，条件具备时可过渡为变电站母线内联络。

同站单联络指由来自同一变电站的不同电源母线的两条线路末端联络，一般适用于电网建设初期，对供电可靠性有一定要求的区域。具备条件时，可过渡为来自不同变电站的线路末端联络，在技术上可行且改造费用低。10kV 架空网的过渡过程示意图如图 1-26 所示。

图 1-26　10kV 架空网的过渡过程示意图

2. 电缆网结构发展过渡

大规模公用网，尤其是架空网向电缆网过渡的区域，可以预先规划好接线模式及线路走向，在实施中，先形成单环式结构，注意尽量保证线路上的负荷满足 N–1 准则。为提高供电可靠性，有条件时可以将单环式结构发展为双环式结构。10kV 电缆网的过渡过程示意图如图 1-27 所示。

图 1-27　10kV 电缆网的过渡过程示意图

1.4.3　上海 10kV 电网结构

1. 10kV 架空网结构

（1）目标电网结构。根据《上海电网规划设计技术导则（试行）》（2014 版）的要求，上海 10kV 架空网应形成环网布置开环运行的架空配电网，按最终多分段三联络接线模式规划，电源由变电站直供，宜末端设置联络，架空线路宜分为 3 个供电单元，每个供电单元宜由 3 个及以下分段线路组成，尽量使各单元之间所供负荷均衡，示意图如图 1-28 所示。

（2）过渡时期电网结构。根据《上海电网规划设计技术导则（试行）》（2014 版）的要求，上海 10kV 架空网过渡过程中，在架空电网稀疏情况下，可采用单联络或两联络。一回架空线路应与不同电源的架空线线路形成联络，与同一架空线路的多个联络视为一个联络。宜在不同变电站所供架空线路之间建立联络，站间联络数应不低于联络点总数的 50%，避免变电站同一母线供出架空线路之间的联络。优先采用架空主干线尾端联络。

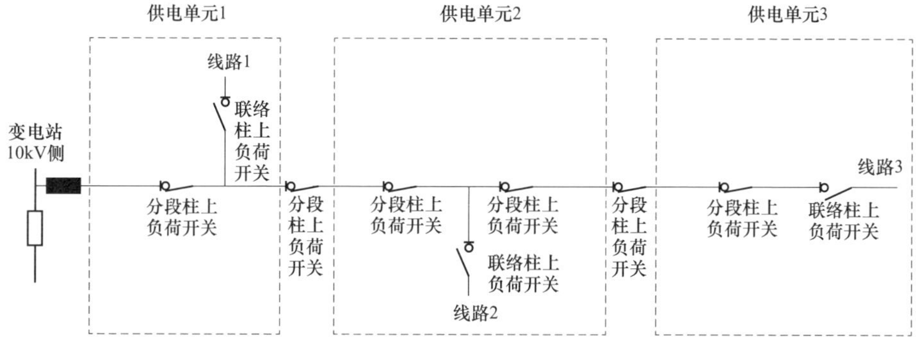

图 1-28 上海 10kV 架空网多分段三联络结构示意图

2. 10kV 电缆网结构

（1）目标电网结构。上海 10kV 电缆网以开关站为核心节点，形成单环式、双环式结构。除少量负荷较高的直供用户以及规定应由变电站直供的重要用户外，变电站 10kV 电缆出线只供给开关站，再由开关站转供环网站和用户。

（2）开关站进线出线接线模式。

1）10kV 开关站进线接线模式。

a. 满足正常方式 *N*–1 准则的接线模式。采用变电站直供终端开关站的单环式接线模式、多个终端开关站之间构成的单环式接线模式以及中心开关站供终端开关站的单环式接线模式。

b. 满足检修方式 *N*–1 准则的接线模式。采用终端开关站双环式接线模式、中心开关站供终端开关站双环式接线模式，其中中心开关站进线来自变电站馈线。

2）10kV 开关站出线接线模式。开关站出线接线模式分为开关站直供用户接线、由环网站组成的环网接线、不成环的环网站辐射接线。

3. 上海钻石型电网结构

为了适应“卓越全球城市”建设要求，打造卓越的城市配电网，满足城市配电网高供电安全性和可靠性要求，针对目前变电站间负荷转供能力和平衡能力不足、变电站直送用户线路利用率不高等问题，上海电网提出钻石型配电网发展思路，有效利用现状电缆单环式、常规双环式接线的站址和进出线，增加较小的投资，较大程度地提高安全性、可靠性等配电网技术指标，建设具有上海特色，适应中心城区的配电网网架结构。其他国家和地区特色中压配电网结构见附录。

（1）钻石型电网结构的定义。钻石型配电网是指以开关站为核心节点、双侧电源供电、双环式连接、开环运行、配置自愈的电缆主干网，具有“全电缆、全断路器、全互联、全自愈”的特征，如图 1-29 所示。

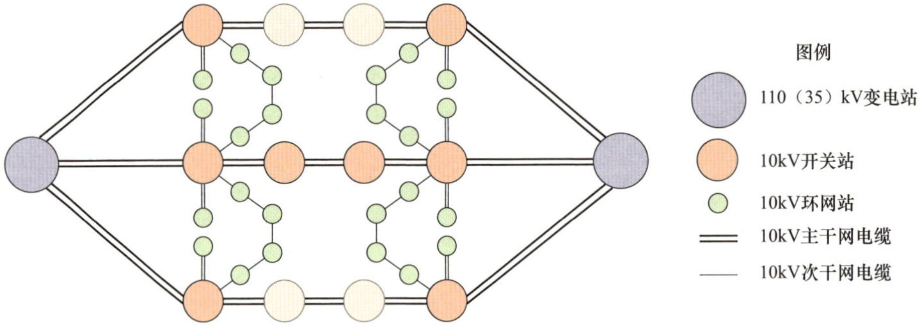

图 1-29　10kV 钻石型配电网分层结构示意图

10kV 钻石型配电网采用分层分级的结构，分为 10kV 主干网和 10kV 次干网两个层级，不同层级的电网采用差异化的接线模式和二次系统配置，在保证供电可靠性的同时兼顾投资经济性。

1）10kV 主干网。10kV 主干网是以全部进出线均配置断路器的开关站为核心节点，采用双侧电源四回路就近供电，全部线路形成环网连接、开环运行并配置自愈功能的双环式结构，故障发生后可在秒级恢复供电。

2）10kV 次干网。10kV 次干网是以全部进出线均配置负荷开关的环网站为节点，以开关站为上级电源，形成单（双）侧电源供电的单环式或双侧电源供电的双环式结构。

从用户供电视角看，钻石型配电网构建的是一个“以用户为中心”、满足用户多元化接入需求的配电网。用户可根据其用电容量和供电可靠性的差异化需求采用开关站、配电站供出的双侧电源单环式或单侧电源单环式接线。对于用户来说，钻石型配电网是“不停电”的配电网，无论是提供低压用户供电电源的 10kV 环网站，还是提供中压用户供电电源的 10kV 开关站，任意一回 10kV 及以上公共电网线路故障时都能够保障用户不停电。

（2）钻石型电网结构的特征。

1）安全韧性。站间负荷转供能力 100%；10kV 满足检修方式下 *N*–1；支撑 110/35kV 满足检修方式下 *N*–1。

2）可靠自愈。供电可靠率 99.9996%，达到世界一流水平；配置自愈系统，实现秒级故障恢复时间。

3）经济高效。实现站间负荷平衡，有利于变电站容量释放，主变及线路利用率将提升。经济性低于常规双环式接线，高于单花瓣结构。

4）易于实施。占用上级变电站间隔减少；串接 4 ～ 6 座开关站节约出站通道；现状单环式接线新建或改接开关站间线路便可实现钻石型配电网升级。

1.5 低压配电网结构

根据 Q/GDW 10738—2020《配电网规划设计技术导则》的要求，220/380V 电网的主要结构有放射式和树干式两种。低压配电网以配电变压器或配电室的供电范围实行分区供电，一般采用放射结构，低压配电线路可与中压配电线路同杆（塔）共架。

1. 放射式

放射式是由变电站低压侧引出多条独立线路供给各个独立的用电设备或集中负荷群的结构，如图 1-30 所示。

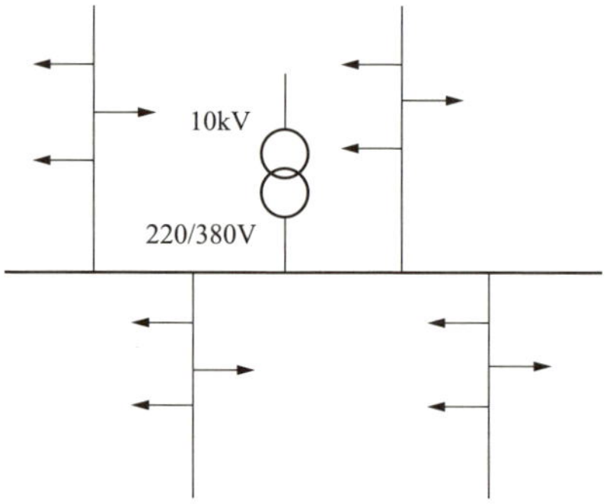

图 1-30　放射式结构示意图

放射式结构具有配电线路故障互不影响，供电可靠性较高，配电设备集中，检修比较方便的优点；但系统灵活性较差，有色金属消耗较多。这种接线方式适用场景包括：①单台设备容量较大、负荷集中或重要的用电设备；②设备容量不大，并且位于变电站不同方向；③负荷配置较稳定；负荷排列不整齐。放射式结构适用于方向不同的散状低压负荷。

2. 树干式

树干式是直接从低压引出线经低压断路器和负荷开关引接的结构，如图 1-31 所示。

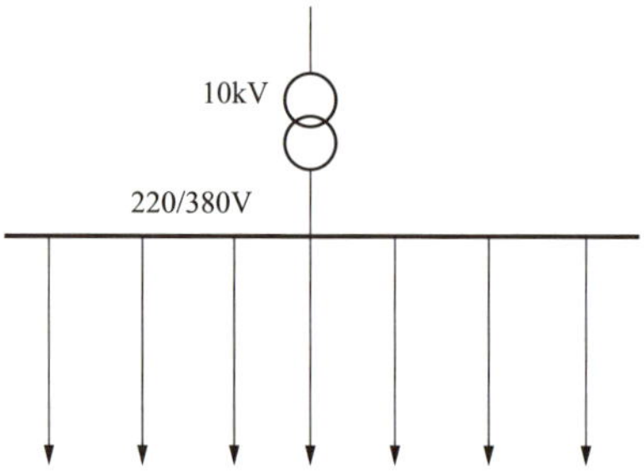

图 1-31　树干式结构示意图

树干式结构的配电设备及有色金属消耗较少，系统灵活性好，但干线故障时影响范围大。该结构适用于以下用电情况：①数量较多，而且排列整齐的用电设备；②对供电可靠性要求不高的用电设备，如机械加工、铆焊、铸工和热处理等。树干式结构适用于方向相同的散状低压负荷。

1.6

上海电网发展脉络

随着经济社会的不断发展，城市对电网供电的要求也不断提高，更高的要求推动电网不断向前发展。上海作为国内特大型城市之一，其主干电网的发展脉络如下：

1882 年 7 月 26 日，中国的第一盏电灯在上海外滩点亮。

1913 年 4 月，上海建成江边杨树浦电厂，容量 4000kW，1923 年扩容至 12.1 万 kW，成为远东最大的火力发电厂。

1949 年，上海装机容量 25.96 万 kW，年发电量 10.09 亿 kWh，占全国的 14% 和 23%。

1960 年，华东地区第一条长 100km 220kV 望亭—西郊线路架通，上海第一座 220kV 西郊变电站扩建投运，站内配置 3 台 9 万 kVA 主变是 20 世纪 60 年代全国规模最大的变电站。

1965 年，随着 220kV 蕴藻浜、浦东变电站投运，上海形成 220kV 环网。1990 年前上海电网共有 220kV 变电站 17 座。

1977 年，华东电网全网发电出力和日发电量逐月上升，均创历史最高水平，但电力供需矛盾突出，全年缺电 100 万 kW 左右。为解决严重缺电问题，《华东电网电力建设“五五”规划》中提出通过建设华东电网 500kV 超高压线路向上海输送电力。

1981—1985 年，华东电业抓紧推进淮南—上海、徐州—上海、葛洲坝—上海等 3 项 500kV 输变电工程建设。

“七五”计划期间，上海电网在落实 3 项 500kV 输变电工程建设的同时，推动建设环绕全市的500kV主干网络，新建容量为200万～300万kVA的大型变电站，再通过220kV电网向中心城区供电。

随着市区供电需求的不断增长，对城市低压电网输送容量的要求也随之提高。此前上海城市电网规划，在城区由于负荷较为密集，主要通过220kV直接降压至35kV向用户供电。在郊区由于供电面积大，负荷密度较低，除35kV外，主要还通过220kV降压至110kV实现远距离的电力输送和分配。随着市区负荷的不断增长，原有35kV电压等级供电能力已不能满足负荷增长的需要。“七五”计划期间，低压电网改造工程在市区建设110kV大容量变电站，将110kV电源引入中心城区，采用简化接线、减少变电层次、使用紧凑化110kV架空线路小型化设备等新型供电设施和先进技术，加快建设，以适应市区供电增长的需要。

1986—1990年期间，淮南—上海、徐州—上海两项输变电工程分别于1987、1988年建成；500kV南桥、黄渡变电站建成投运；葛洲坝—上海±500kV直流输电工程的单极、双极分别于1989年9月和1990年7月投运，上海电网进入500kV时代，500kV环网建设初具雏形。220kV电源进市区项目的首座市东（天宝）变电站以及配套电缆线路于1987年3月投运。

20世纪90年代后，随着浦东开发开放以及国民经济快速发展，上海用电量激增。原有220kV环网已不适应日益增长的负荷发展需要，500kV电网作为上海主网架已势在必行。除已建成的500kV变电站外，外高桥发电厂投运后也将接入500kV电网，上海500kV主网架已确定为环网。

1991—1995年，上海电网建设获得较快发展。随着500kV变电站间输电线路的陆续建成，1994年底，上海500kV电网形成“C”字形双回环网。

为适应上海建设国际大都市的要求，“九五”计划期间上海电网规划的总要求是网架结构强、接线清晰、层次分明、功能明确、交换容量大、安全可靠、自动化程度高。其中，500kV电网的规划是：在2000年建成双内环网，新建3座500kV变电站，新增容量600万kVA。220kV电网的规划是：在500kV电网双内环网建成后，220kV电网逐步分片运行，以解决断路器遮断容量不足的矛盾。110kV、35kV 及以下各级电压的城市供配电网络应加快建设。

2000 年，上海共有 500kV 变电站 3 座，变电容量 525 万 kVA；220kV 变电站 51 座，变电容量 1775 万 kVA。220kV 电网形成较为坚强的网络结构，从全市边缘的主力发电厂和 500kV 降压变电站，通过郊区和市区外围的 220kV 双回路或多回路架空线路向市区输送大量电力；市区范围内以 220kV 电缆为主，从市区边缘的 220kV 中心变电站引出向市中心终端变电站供电。35、110kV 电网结构以放射状为主，就近向用户供电。10kV 电网以架空线路和电缆线路混合构成，结构较为合理。城市电网和农村电网基本消除供电“热点”地区和配电网低电压现象。

2001—2005 年，上海市电力公司继续大规模推进骨干电网建设，先后完成 4 个 500kV 变电站的新建以及部分变电站的扩建。新增 500kV 主变压器 10 台，变电总容量 875 万 kVA。随着一批 500kV 输电工程的相继建成，呈“C”字形的上海 500kV 双回环网端口闭合、全线贯通。

2005 年，上海市发展和改革委员会编制的《上海能源发展“十一五”规划及中远期规划》中明确，“十一五”规划期间增加市外来电的重点是落实皖电东送，争取早日落实特高压输电通道建设，顺利接收皖电东送和西南水电，确保到 2010 年市外来电超过 1000 万 kW。

2006—2010 年，上海建成一系列具有标志意义的电网项目。西电东送项目 ±500kV 宜华直流、±800kV 复奉直流输电工程相继投运。市域内 500kV 变电站间输电线路相继竣工。2010 年上海电网建成 500kV 南外环网网架。

2010 年以来，华东电网形成了以长三角都市群为中心的网格状受端电网格局，区域电网主要通过特高压交、直流从外部受电，再由特高压交、直流落点向周边辐射送电。2010 年 7 月，±800kV 复奉直流建成投运；2013 年 9 月，1000kV“皖电东送”特高压交流工程南半环建成投运，上海 1000kV 练塘站投运；2019 年 9 月，华东 1000kV 特高压交流双环网投运。同时，上海也新建一大批 500kV 输变电工程，形成 500kV 双回环网和南外环网，建成两座 500kV 终端地下变电站，将 500kV 电源引入中心城区。

截至 2020 年末，上海全市常住人口达到 2487 万，全市电源供应落实的市外电源落地约 1650 万 kW，本地电源装机容量约 2669 万 kW。其中外来电源主要通过特高压输电线路输送，目前已建成 2 个 1000kV 特高压交流通道、3 个 500kV 交流通道与华东电网主网架相连，并通过 3 个 ±500kV 直流、1 个 ±800kV 直流通道接入西南、华中电网的清洁水电。本地电源主要包含 4 座 500kV 燃煤电厂，12 座 220kV 燃煤、燃油、燃气电厂，以及若干 110kV、35kV 综合利用型垃圾电厂、余热电厂。在 500kV 环网运行的基础上，220kV 电网分为 14 个分区运行，110kV 电网基本上形成“手拉手”链式接线模式，35kV 配电网双侧电源辐射接线模式持续完善，10kV 配电网转供能力不断提升，上海已初步建成与国际化大都市相适应的一流城市电网。未来，上海将持续优化电网建设，对标更高供电质量标准，推动清洁能源发电的建设和接入，推动能源消费电能替代，从多个方向打造“世界一流”电网。

小结

本章在介绍电网基本情况的基础上，按照电压等级分别描述了输电网、高压配电网、中压配电网、低压配电网的结构，有利于读者掌握各种网架结构的演变过程以及与未来目标网架的衔接，有利于对上海电网的发展脉络的了解。

输电网主要包含220kV、500kV及以上电网。区域电网的主网架一般由500kV及以上电网构成。500kV电网在局部可采用环形设计，在省域和区域范围内，随着用电需求的增长，结合地理环境因素、既往电网情况等呈现出网格状布局。220kV电网可采用独立分区或互联分区模式。

高压配电网主要指35、110kV电网，可采用辐射、环网T接、链式等结构形式。上海110kV电网结构按照最终双侧电源“手拉手”三链接线模式规划，35kV电网结构按照最终双侧电源的辐射接线模式规划，35kV变电站的进线电源宜来自不同的上级变电站。

中压配电网主要是指10kV电网，10kV电网按照线路种类可以分为架空网和电缆网两类。其中架空网的典型接线方式主要有辐射式、多分段单联络、多分段多联络三种类型。电缆网的典型接线方式主要有单环式、双环式两种类型。本章同时给出了上海10kV电网结构目标网架及过渡方案。此外还简要介绍了上海钻石型等特色中压配电网结构。

低压配电网主要是指380V电网，主要采用放射式和树干式两种结构类型。

本章上海电网实例及发展脉络的介绍主要呈现了随着上海经济发展、用电需求不断增长，电网电压等级、网络结构不断发展变化的过程。

习题与思考题

1-1 简述500kV网架环网结构的特点。

1-2 简述220kV电网分区原则。

1-3 简述220kV电网独立分区运行模式。

1-4 简述220kV电网互联分区运行模式。

1-5 高压配电网结构中的环网结构指的是什么？

1-6 高压配电网结构中的链式结构指的是什么？链式结构的优缺点有哪些？

1-7 简述高压配电网各电网结构的特点。

1-8 请简述上海110kV电网结构目标网架，并试给出网架过渡方案。

1-9 在10kV架空网结构中，多分段单辐射有哪些特点？

1-10 在10kV架空网结构中，多分段单联络有哪些特点？

1-11 10kV电缆网结构中的双环式有哪些特点？

1-12 中压配电网的结构有哪几种？

第2章 CHAPTER TWO

变电站电气主接线

02

变电站电气主接线表征了变电站中电气设备的连接关系，不同的电气主接线形式在可靠性、灵活性、经济性等方面的特点各不相同，也与电气设备的选型、配电装置的布置等紧密相关。本章主要介绍变电站电气主接线的基本形式及特点。同时，通过介绍不同电压等级变电站内典型接线示例，反映各种接线形式在实际变电站中的应用情况。

2.1 电气主接线基本形式

电气主接线简称主接线，又称为电气一次接线，是将电气设备以规定的图形和文字符号，按电能生产、传输、分配顺序及相关要求绘制的接线图。

典型的基本主接线形式有单母线接线、双母线接线、3/2 接线、桥式接线等。单母线和双母线接线又可以分为单母线分段、双母线分段、单母线分段带旁路、双母线带旁路等灵活接线形式。

2.1.1 单母线接线

单母线接线是指单一母线接线形式，主要包括单母线无分段、单母线分段、单母线分段带旁路三种接线形式。单母线接线结构简单清晰、建造费用低、操作方便，在各电压等级厂站中有广泛应用。

1. 单母线无分段接线

图 2-1 为单母线无分段接线。所有支路通过母线进行汇流，母线起着汇集和分配电能的作用，电源支路将电能送至母线，其他支路通过母线得到电能。当电网改变运行方式时，电能输送方向可能会发生变化。

单母无分段接线的优点是接线简单、清晰、设备少、操作方便、投资少、便于扩建。其主要缺点是当母线和母线隔离开关检修或发生故障时，该母线必须停电，母线上各支路都必须停止供电；支路的断路器检修时，该支路也要停止供电。

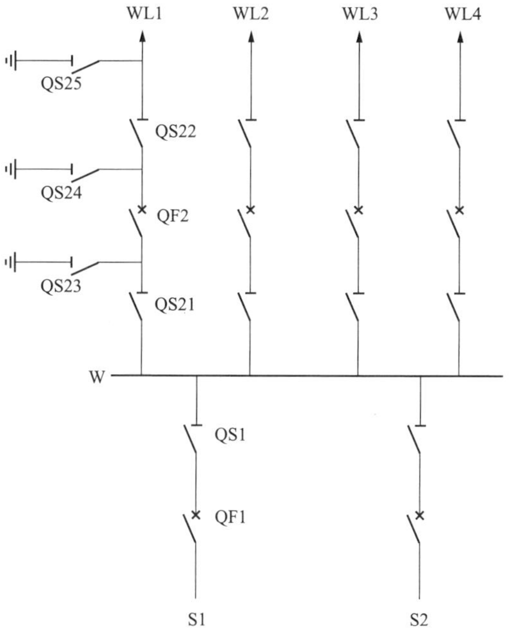

图 2–1　单母线无分段接线

WL—线路；QF—断路器；QS—隔离开关；W—母线；S—电源

在实际工作中，通常将“断路器”称作“开关”，将“隔离开关”称作“闸刀”，且设备的命名遵循一定的规则。以上海为例，图 2-1 中 WL1 支路中设备命名跟随线路名称。线路名称为 WL1，则断路器 QF2 命名为“WL1 断路器”；断路器两侧隔离开关 QS21、QS22 分别命名为“WL1 母线隔离开关、WL1 线路隔离开关”；母线侧接地隔离开关 QS23 命名为“WL1 断路器母线侧接地隔离开关”；线路隔离开关内侧接地隔离开关 QS24 命名为“WL1 断路器线路侧接地隔离开关”，外侧接地隔离开关 QS25 命名为“WL1 线路接地隔离开关”。

为了节省设备和空间，目前变电站中也大量采用三工位隔离开关。以图 2-1 中 WL1 支路为例，QS21 与 QS23 可合并为三工位隔离开关，隔离开关有“合于母线、合于地、分闸”三种位置；QS22 与 QS24 可合并为三工位隔离开关，隔离开关有“合于线路、合于地、分闸”三种位置。三工位隔离开关在命名时，仍按照功能命名，即该隔离开关两种合位对应两个命名。

线路的运行状态有运行、热备用、冷备用、开关检修、开关线路检修、线路检修六种，不同运行状态下对应的设备位置，状态见表 2-1。

表 2-1　　单母无分段接线线路状态表

设备＼状态	运行	热备用	冷备用	断路器检修	断路器线路检修	线路检修
母线隔离开关（QS21）	合	合	分	分	分	分
断路器母线侧接地隔离开关（QS23）	分	分	分	合	合	分
断路器（QF2）	合	分	分	分	分	分
断路器线路侧接地隔离开关（QS24）	分	分	分	合	分	分
线路隔离开关（QS22）	合	合	分	分	分	分
线路接地开关（QS25）	分	分	分	分	合	合

目前，高压开关柜广泛应用于 35kV 和 10kV 电压等级，高压开关柜在断路器两侧不再设置隔离开关，而是通过开关柜内手车的摇进、摇出代替断路器两侧隔离开关的作用。开关柜的状态一般定义为工作、试验、检修。工作状态指柜内手车摇进，断路器合位的状态；试验状态指断路器分位，柜内手车摇出的状态；检修状态指手车拉出至柜外的状态。采用高压开关柜的线路，不同运行状态下对应设备位置见表 2-2。

表 2-2　　采用高压开关柜线路状态表

设备＼状态	运行	热备用	冷备用	断路器检修	断路器线路检修	线路检修
断路器	合	分	分	分	分	分
手车	摇进	摇出	摇出	柜外	柜外	摇出
线路接地开关	分	分	分	分	合	合

将设备由一种状态切换为另一种状态所进行的操作称为倒闸操作。倒闸操作必须遵循一定的顺序与原则，以保证操作的安全性。断路器具有开合电

路的专用灭弧装置，可以开合大电流；而隔离开关没有灭弧装置，其开合电流能力极低，只能在设备停运后退出工作时断开电路，保证与带电部分隔离，起着隔离电压的作用。在未断开断路器的情况下，拉合隔离开关属于带负荷拉合闸的操作，操作中产生的电弧容易引发故障，引起保护的动作，影响系统的正常运行，甚至危害人身安全。

因此，根据断路器和隔离开关的功能区别，单母线接线线路进行运行、热备用、冷备用切换时，倒闸操作的顺序为：接通回路时，先合母线隔离开关，再合线路隔离开关，最后合上断路器；回路断开时操作顺序与上述相反。按照上述顺序进行倒闸操作的优点是：线路送电时，若发生线路隔离开关带负荷合闸，产生的电弧位于线路侧；线路停电时，若发生线路隔离开关带负荷拉闸，则产生的电弧仍然位于线路侧。将带负荷拉合闸产生电弧短路的概率最大程度限制在线路侧，则将由线路保护装置跳开断路器隔离故障，不会造成母差保护的动作，从而对其他回路设备影响较小。

在进行倒闸操作时，为了避免误操作带来的设备、人身伤害，在管理措施上需采用操作票制度等；在技术措施上，目前变电站内普遍加装防误操作闭锁装置，包括电气闭锁、电磁闭锁、机械闭锁、微机“五防”闭锁等，以提高操作的安全性。

上海 110kV 变电站高压侧一般采用单母线接线，最终规模设计为“一进三出”（含主变）接线，如图 2-2 所示。“一进”是指电源 110kV 进线，宜来自（或追溯至）不同 220kV 变电站，初期在电源变电站较少情况下可来自同一 220kV 变电站的不同 110kV 母线段。“三出”中，一回 110kV 线路送另一 110kV 变电站，一回 110kV 线路送主变，一回 110kV 线路送用户。

2. 单母线分段接线

为了缩小母线故障或检修时的停电范围，可用断路器将母线分段，成为单母线分段接线，如图 2-3 所示。图中 QFD 为分段断路器，其两侧为隔离开关，正常运行时 QFD 根据运行方式需要可处于合闸位置，也可处于分闸位置。

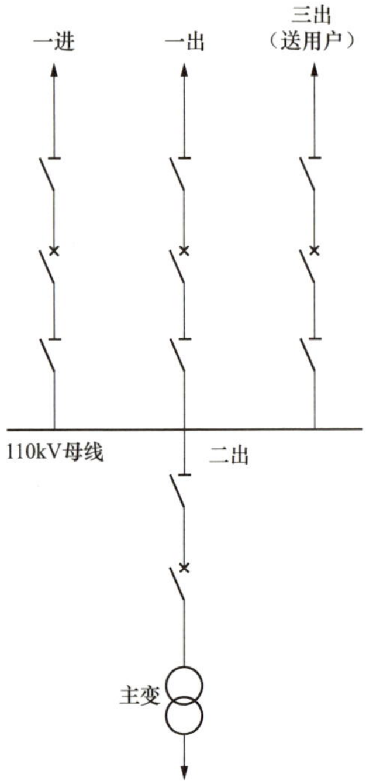

图 2-2　110kV 变电站高压侧单母线接线

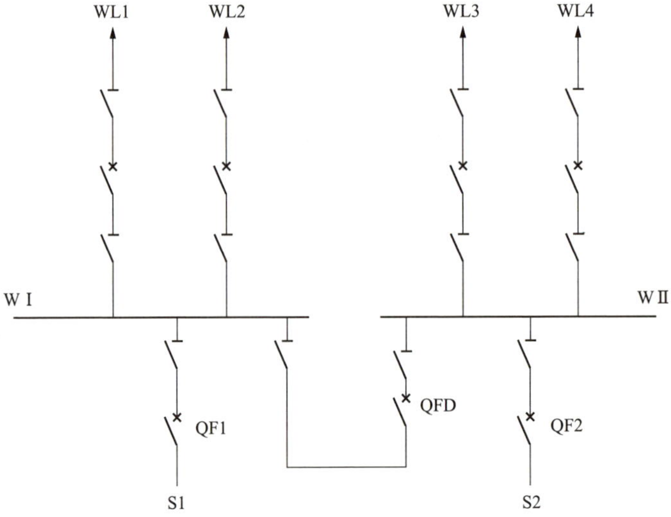

图 2-3　单母线分段接线

单母线分段接线的主要优点是当一段母线故障时，另一段母线供电不受影响，同时两路电源可以互为备用，提高了供电可靠性和灵活性。

图 2-3 中当两段母线上电源支路均正常时，由两路电源分别向两段母线供电，QFD 处于热备用状态（即 QFD 断路器断开，两侧隔离开关闭合）。QFD 断开可以避免母线上流过两路电源的穿越性环流，同时还可以限制故障时的短路电流。

QFD 一般设置自动切换（简称自切）功能。当一段母线因故失电时，自切装置动作，合上分段断路器，由有电母线向失电母线供电。自切功能既可以设置为双向切换，也可以根据需要设置为单向切换。

自切装置动作的条件是一段母线失电，另一段母线带电，同时自切功能需投入。自切装置动作合上分段断路器前，会再次发出动作信号，跳开失电母线电源断路器，以免造成双电源供电。此外，当母差保护或主变后备保护动作时，会闭锁自切功能，以免分段断路器合于故障。

上海 220kV 变电站中，110kV 中压侧一般设计为单母线分段接线，每台主变带一段 110kV 母线，相邻母线间采用分段断路器进行联络。图 2-4 为 220kV 变电站中压侧单母线分段接线示意图。

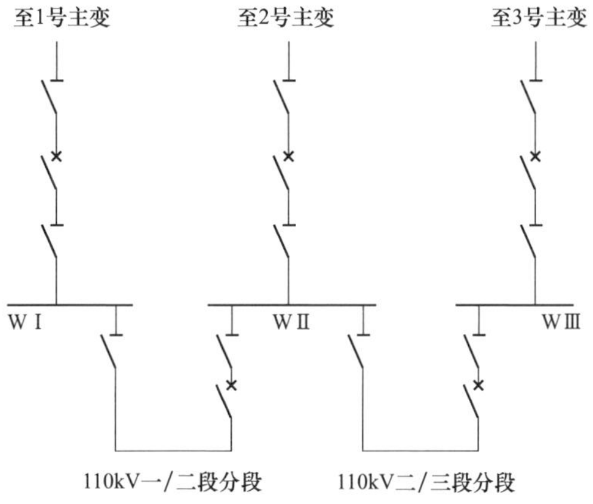

图 2-4　220kV 变电站中压侧单母线分段接线示意图

正常运行时，图 2-4 中 110kV 一 / 二段分段、二 / 三段分段断路器在热备用位置，断路器设置自切功能。WⅠ母线失电时，一/二段分段断路器自切动作，由WⅡ母线向一段母线供电。WⅡ母线失电时，既可以通过一/二段分段断路器自切动作由WⅠ母线供电，也可以通过二/三段分段断路器自切动作由WⅢ母线供电，为了避免双向供电，当一/二段分段断路器自切设置为双向切换时，二/三段分段断路器自切需设置为单向切换，仅允许WⅢ母线失电时由WⅡ母线向其供电。

220kV变电站中，35kV低压侧一般采用单母线分段接线，一台主变带两段35kV母线，不同主变所带母线通过分段断路器进行联络。图2-5为220kV变电站低压侧单母线分段接线示意图。目前还有少量老站采用双母线接线，或双母线单分段接线，但随着电网的不断更新改造，正逐步被单母线分段接线取代。

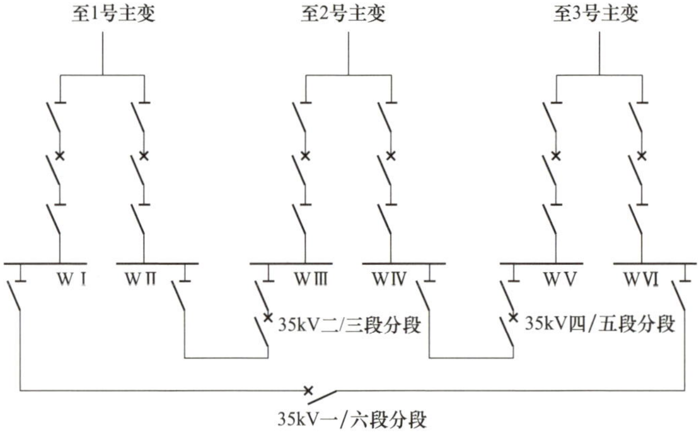

图2-5 220kV变电站低压侧单母线分段接线示意图

图2-5中，1号主变送35kV WⅠ、WⅡ母线；2号主变送35kV WⅢ、WⅣ母线；3号主变送35kV WⅤ、WⅥ母线。其中WⅡ、WⅢ母线通过35kV二/三段分段联络；WⅣ、WⅤ母线通过35kV四/五段分段联络；WⅠ、WⅥ母线通过35kV一/六段分段联络。分段断路器设置有自动切换功能。正常运行时，分段断路器处于热备用状态，三台主变分别向所带母线送电。当WⅠ母线失电，且满足自动切换装置动作条件时，一/六段分段自动切换装置

动作，合上分段断路器，保证失电母线继续供电，减少故障对供电的影响。

3. 单母线分段带旁路接线

当任一出线断路器检修时，为了使线路供电不受影响，可以采用单母线分段带旁路接线。图 2-6 为单母线分段带专用旁路断路器的旁路母线接线。每一条引出线在线路隔离开关的线路侧与旁路母线连接。正常运行时，旁路断路器 QFP 以及各出线回路上的旁路隔离开关 QSP1、QSP2 都是断开的，旁路母线 WP 不带电。通常，旁路断路器 QFP 两侧的隔离开关处于合闸状态，即 QSPP 处于合闸状态，而 QSPI、QSPII 二者之一是合闸状态，另一则为断开状态。例如，QSPI 合闸，QSPII 分闸，则旁路断路器 QFP 对 WⅠ段母线上各出线断路器处于热备用状态。

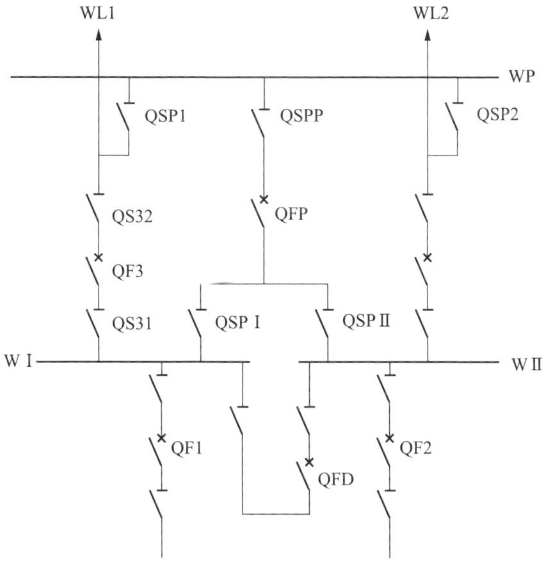

图 2-6　单母线分段带专用旁路断路器接线

当线路 WL1 的断路器 QF3 需要检修时，QSPI 处于合闸状态（若是分闸状态，则与 QSPII 切换），操作步骤为：

（1）合上旁路断路器 QFP ；

（2）合上 WL1 的旁路隔离开关 QSP1 ；

（3）断开需检修的线路断路器 QF3 及其两侧隔离开关 QS31、QS32。

通过旁路断路器 QFP 代替断路器 QF3 工作，QF3 顺利退出运行后便可以按规定进行检修，而出线 WL1 的供电不会中断。

单母线分段带有专用旁路断路器的旁路母线接线极大地提高了供电可靠性，但这样的接线增加了一台旁路断路器的投资。为了减少设备、节省投资，也可以采用分段断路器兼作旁路断路器接线或旁路断路器兼作分段断路器接线，分别如图 2-7（a）、（b）所示。

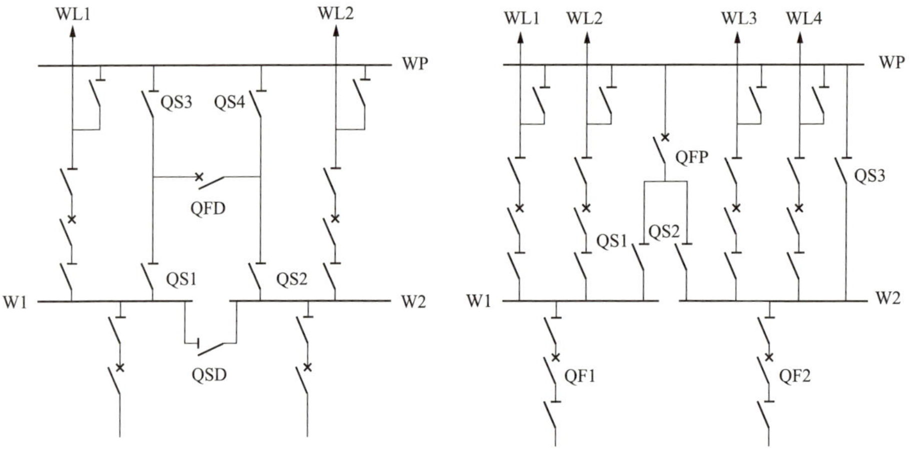

（a）分段断路器兼作旁路断路器　　（b）旁路断路器兼做分段断路器

图 2-7　其他单母线带旁路接线

单母线分段带旁路接线可以在线路断路器检修时通过旁路供电，保证该回路不停电，但是该接线形式在供电可靠性和运行灵活性等方面，无法满足大容量装置的要求，且倒闸操作比较复杂。目前，随着电网坚强程度与智能程度的不断提高，在上海已经不再采用单母线分段带旁路的接线形式。

2.1.2　双母线接线

双母线接线是指两组母线接线形式，主要包括双母线无分段、双母线分段、双母线带旁路三种接线形式。双母线接线的两组母线通过母线联络断路器（母联）进行联络，彼此互为备用。与单母线无分段接线相比，双母线接线投资有所增加，但运行的可靠性和灵活性大为提高。当一组母线检修时，可以通过倒闸操作，由另一组母线向线路继续供电，提高供电的可靠性。同时，双母线接线可以通过电源线和馈线在不同母线的分配，灵活适应电力系统中各种运行方式调度和潮流变化的需要。

1. 双母线无分段接线

图 2-8 为双母线无分段接线。图中有两组并列布置的母线 WⅠ 和 WⅡ。每一条支路都经过一台断路器和两组母线隔离开关分别接至两组母线，正常运行时，两组隔离开关只有一组处于合闸状态，另一组处于分闸状态，两组母线互为备用。QFC 为两组母线联络断路器，其两侧各有一组隔离开关。当两组母线并联运行时，QFC 为运行状态；当两组母线分列运行时，QFC 为热备用状态；当一组母线运行、另一组母线检修时，QFC 为冷备用状态。

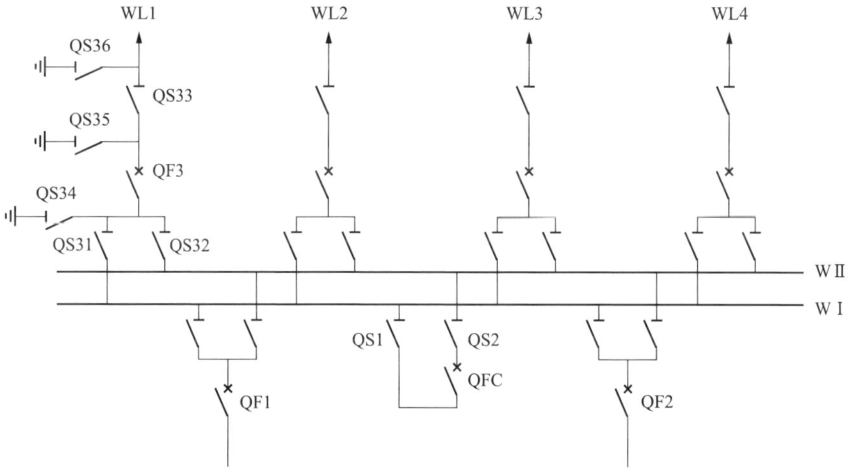

图 2–8 双母线无分段接线

图 2-8 中支路设备命名及编号跟随线路名称，如 WL1 支路，断路器 QF3 命名为“WL1 断路器”；母线侧两台隔离开关 QS31、QS32 命名为“WL1 WⅠ 母隔离开关、WL1 WⅡ 母隔离开关”；母线侧接地开关 QS34 命名为“WL1 断路器母线侧接地开关”；线路侧隔离开关 QS33 命名为“WL1 线路隔离开关”，线路隔离开关内侧接地开关 QS35 命名为“WL1 断路器线路侧接地

开关”，外侧接地开关 QS36 命名为“WL1 线路接地开关”。

与单母线无分段接线相同，双母线无分段接线的线路也有六种运行状态，见表 2-3，表中列出了不同运行状态对应的设备位置。

表 2-3　　双母无分段接线线路状态表

设备＼状态	运行		热备用		冷备用	断路器检修	断路器线路检修	线路检修
	WⅠ母运行	WⅡ母运行	WⅠ母热备用	WⅡ母热备用				
WⅠ母隔离开关（QS31）	合	分	合	分	分	分	分	分
WⅡ母隔离开关（QS32）	分	合	分	合	分	分	分	分
断路器母线侧接地开关（QS34）	分	分	分	分	分	合	合	分
断路器（QF3）	合	合	分	分	分	分	分	分
断路器线路侧接地开关（QS35）	分	分	分	分	分	合	分	分
线路隔离开关（QS33）	合	合	合	合	分	分	分	分
线路接地开关（QS36）	分	分	分	分	分	分	合	合

母线有运行、冷备用、检修等状态，任一母线检修时，该母线上不带任何线路，母线所连各支路母线侧隔离开关均断开，母线接地开关闭合。部分母线采用组合电器配置时，母线不带接地开关。因为当组合电器设备母线检修时，一般为解体后进行，此时两组母线均需停电大修，全部设备均不带电。

双母线无分段接线当任一母线故障或检修时，需要将停电母线所带支路通过倒闸操作连接至另一母线，即可保证各引出线的正常运行。图 2-8 中，若 WL1 支路运行于 WⅠ母线，当 WⅠ母线检修时，将 WL1 切换至 WⅡ母线运行，线路不停电倒母线（热倒母线）的操作步骤为：

（1）合上母联断路器 QFC；

（2）合上 WL1 支路 WⅡ母隔离开关 QS32；

（3）拉开 WL1 支路 WⅠ母隔离开关 QS31；

（4）断开母联断路器 QFC。

在 WⅠ母线所有支路均切换至 WⅡ母线运行后，WⅠ母线可退出运行进行检修，热倒母线的方式也不会影响母线所带回路的正常运行。

双母线无分段接线两组母线可以互为备用，运行方式更加灵活，但是增加了母线侧隔离开关的数量，增加了基建投资，而且倒闸操作也相对烦琐。这种接线形式主要适用于大、中型发电厂和变电站，一般用于引出线和电源较多、输送和穿越功率较大、要求可靠性和灵活性较高的场合。

2. 双母线分段接线

为了缩小母线故障或检修时的停电范围，双母线接线可以加入断路器成为双母线三分段接线（仅一组母线用断路器分段）或双母线四分段（两组母线均用断路器分段）接线，分别如图 2-9、图 2-10 所示。图 2-9 中 WⅠ-1 母线和 WⅠ-2 母线分别通过母联断路器 QFC1、QFC2 和 WⅡ母线联络，WⅠ-1 和 WⅠ-2 母线通过分段断路器 QFD 联络。这种接线较双母线无分段接线具有更高的可靠性和更大的灵活性。当 WⅠ-1、WⅠ-2 母线工作，WⅡ母线检修时，该运行方式具有单母线分段接线的特点。任一段母线检修时，可将该段母线所连接的支路倒至备用母线上运行，提高供电的可靠性。当具有三个及以上电源时，可将电源分别接到三段母线上，构成单母线分三段运行，提高供电可靠性。

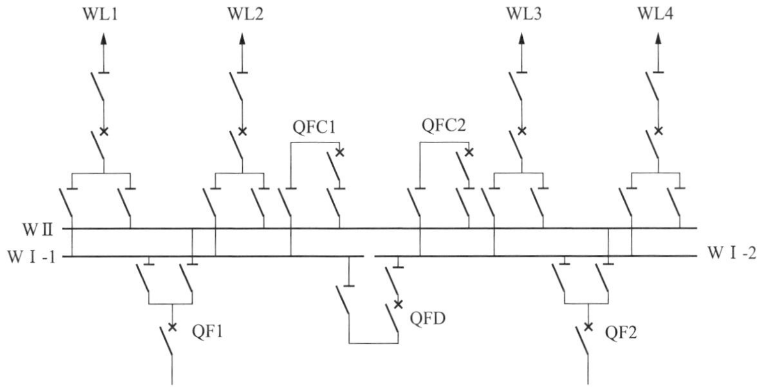

图 2-9 双母线三分段接线

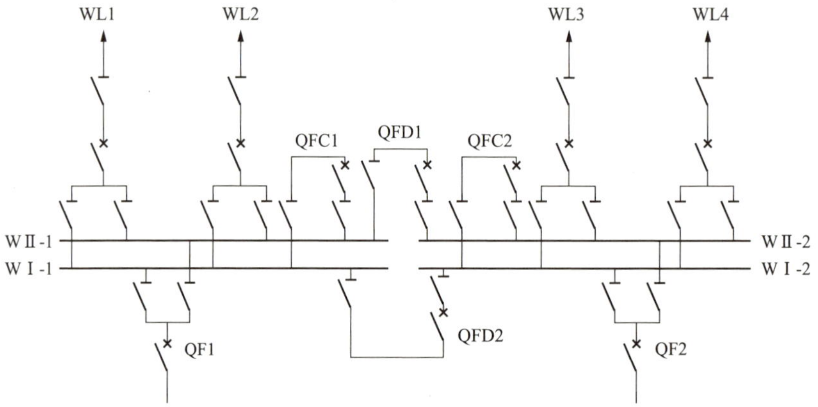

图 2–10　双母线四分段接线

双母线分段接线比双母线无分段接线增加了断路器数量，投资有所增加。但双母线分段接线不仅具有双母线无分段接线的各种优点，运行的灵活性和可靠性也得到了提高。双母线四分段接线在 220kV 电压等级有广泛的应用，包括 500kV 变电站的中压侧以及进出线回路数较多的 220kV 变电站的高压侧。

3. 双母线带旁路接线

图 2-11 为双母线带专用旁路断路器接线，旁路断路器可以代替出线断路器工作，使出线断路器检修时，线路供电不受影响。正常运行时，一般采用固定连接方式，即双母线同时运行，部分电源线和出线固定接于 WⅠ母线，其他电源线和出线固定接于 WⅡ母线。线路在两条母线的分配要考虑供电的可靠性以及负荷的平衡，尽量避免大电流流过母联断路器。

当引出线数目不多且安装专用的旁路断路器利用率不高时，为节约资金，可采用旁路断路器兼作母联断路器或母联断路器兼做旁路断路器的接线，如图 2-12（a）、（b）所示。

图 2-12（a）所示接线，正常运行时，QS1、QFP、QS3、QS4 均闭合，旁路母线带电，QFP 作为母联断路器运行。图 2-12（b）所示接线，正常运行时，QS1、QFC、QS2 闭合，QS3 断开，旁路母线不带电运行。当需要用

QFP（或 QFC）代替出线断路器供电时，都需先将母线的运行方式改为单母线运行，再按倒闸操作步骤完成 QFP（或 QFC）代替出线断路器的操作。采用旁路断路器代替出线断路器的倒闸操作步骤较为复杂，旁路接线保护配置也相对复杂。随着电网的不断发展，双母线带旁路接线在变电站中的应用已经越来越少。

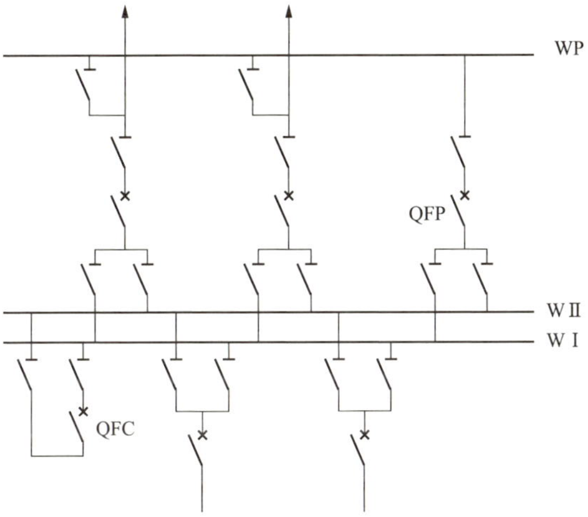

图 2–11　双母线带专用旁路断路器接线

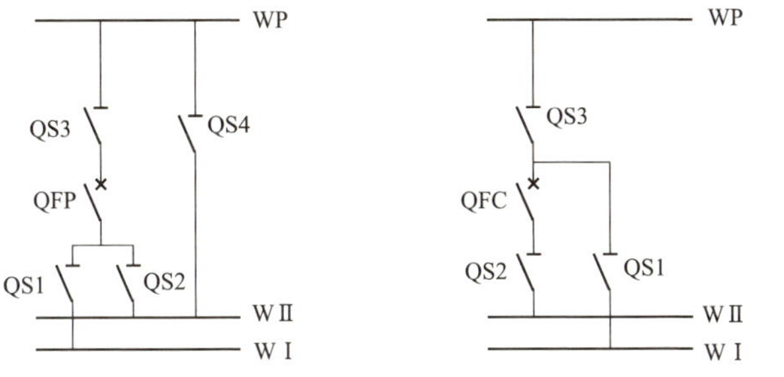

（a）旁路断路器兼作母联断路器　　（b）母联断路器兼做旁路断路器

图 2–12　其他母线带旁路接线

2.1.3　3/2 接线

3/2 接线共有两条母线，每个间隔有 3 台断路器，带 2 条出线，每条出线平均由一台半断路器控制，也称为一台半断路器接线，接线形式如图 2-13 所示。图中，3/2 接线共有 4 串，均为完整串，从左至右依次为第 1 ~ 4 串；共有 8 回引出线，其中 6 回为 500kV 线路，2 回为主变回路。

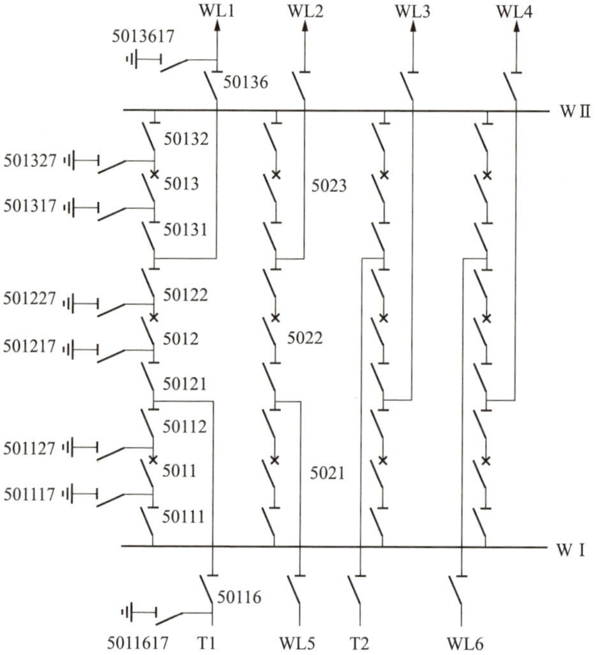

图 2-13　3/2 接线

3/2 接线的主要特点有：

（1）运行方式灵活。正常运行时两条母线和全部断路器均投入运行，形成多环路供电方式，可灵活调整运行方式。

（2）倒闸操作方便。隔离开关一般仅作检修用，避免了双母无分段接线时用隔离开关进行的回路倒换母线的操作。当一组母线停役时，回路不需切换，任何一台断路器检修各回路仍按原接线形式运行，也不需切换。

（3）运行安全可靠性高。每一回路由两台断路器供电，合环运行时，发生母线故障或单个断路器故障退出运行，都不会导致出线停电。对于完整串，即使双母线都故障，也可保证出线与系统的连接。

（4）所需设备数量多，投资大。

目前，3/2 接线广泛应用于 500kV 变电站高压侧，在 500kV 变电站中压侧 220kV 电压等级也有应用。

3/2 接线方式断路器、隔离开关的编号遵循一定的原则，以图 2-13 为例，断路器、隔离开关的编号原则为：

（1）断路器编号由 4 位数字组成，前两位为“50”，表示 500kV 电压等级；第 3 位表示串号，分别为“1、2、3、4”；第 4 位为断路器编号，每一串中靠近 500kV W Ⅰ母线侧断路器编号为“1”，中间断路器编号为“2”，靠近 W Ⅱ母线侧断路器编号为“3”。如图 2-13 中，第 1 串靠近 W Ⅰ母线侧断路器编号为 5011，中间断路器为 5012，靠近 W Ⅱ母线侧断路器编号为 5013；第 2 串 3 个断路器分别为 5021、5022、5023。

（2）隔离开关的编号通常由 5 位数字组成，前面 4 位为所属断路器的编号，第 5 位是设备所靠近母线的编号，W Ⅰ母线侧编号为“1”，W Ⅱ母线侧编号为“2”。如图 2-13 中，断路器 5011 两侧隔离开关编号分别为 50111、50112；5021 两侧隔离开关编号分别为 50211、50212。

（3）接地隔离开关编号最后一位为“7”。如图 2-13 所示，5011 断路器 W Ⅰ母线侧接地开关编号为 501117，W Ⅱ母线侧接地开关编号为 501127。

（4）线路隔离开关编号最后一位为“6”。图 2-13 中，WL3 线路隔离开关编号为 50136。线路接地开关编号最后一位为“7”，当线路有隔离开关时，接地开关编号为“17”。图 2-13 中，WL3 线路有隔离开关 50136，因此线路接地开关编号为 5013617。若线路无隔离开关，则该线路接地开关编号为 501367。

断路器、隔离开关的命名跟随线路命名，图 2-13 中，5011 断路器命名为“T1 5011 断路器”，两侧隔离开关命名为“T1 50111 隔离开关”“T1 50112 隔离开关”。5012 断路器命名为“T1/WL1 5012 断路器”，两侧隔离开关命名为“T1/WL1 50121 隔离开关”“T1/WL1 50122 隔离开关”。5013 断路器命名为“WL1 5013 断路器”，两侧隔离开关命名为“WL1 50131 隔离开关”“WL1

50132 隔离开关”。

3/2 接线形式，断路器运行方式有运行、热备用、冷备用、断路器检修四种状态。以图 2-13 中 5011 断路器为例，每种状态对应的设备位置见表 2-4。

表 2-4　　3/2 接线断路器状态表

状态 设备	运行	热备用	冷备用	断路器检修
50111	合	合	分	分
501117	分	分	分	合
5011	合	分	分	分
501127	分	分	分	合
50112	合	合	分	分

线路的运行方式有运行、充电运行、线路检修三种状态。充电运行是指线路带电，但本侧断路器分闸的状态，由对侧向本线路充电。这种状态下，线路不输送潮流，但一旦线路有故障，可以及时发现，保证线路的安全性。以 WL1 线为例，每种状态对应的设备位置见表 2-5。

表 2-5　　3/2 接线线路状态表

状态 设备	运行	充电运行	线路检修
50131	合	合	分
501317	分	分	分
5013	合	分	分
501327	分	分	分
50132	合	合	分
50136	合	合	分
501367	分	分	合
50121	合	合	分
501217	分	分	分

续表

设备\状态	运行	充电运行	线路检修
5012	合	分	分
501227	分	分	分
50122	合	合	分

线路出串运行也是3/2接线的一种运行方式，出串运行是指该串的两个边断路器均断开，中间断路器运行，则该串两条线路通过中间断路器直接连接，线路两侧功率输送直接完成，与本站接线无关。

2.1.4 其他接线

1. 线路—变压器组接线

图2-14为线路—变压器组接线。在变电站中电能通过线路送至降压变压器，降压后通过低压馈线送出。

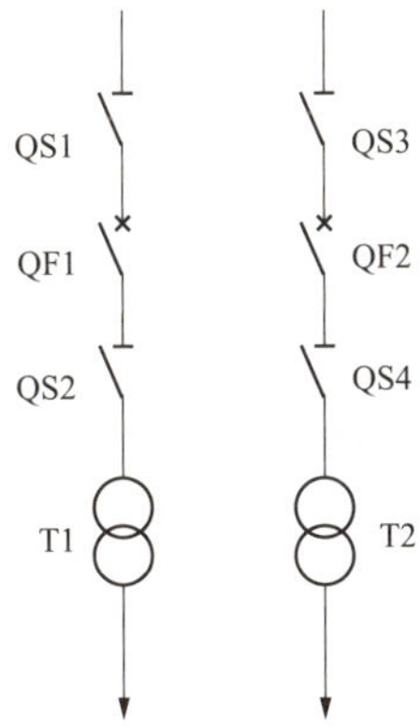

图2-14 线路—变压器组接线

图2-14中主变高压侧有断路器和隔离开关。在部分降压变电站中，线路—变压器组接线的主变高压侧没有断路器。当本站主变高压侧无断路器时，如需进行主变停役操作，高压侧断开必须要通过拉开线路对侧断路器实现；当本站主变

故障时，高压侧隔离故障需要本侧发送远跳信号，同样由对侧断路器跳闸。

线路—变压器组接线在220、500kV终端变电站高压侧均有应用，在35kV终端站有广泛应用。

2. 桥式接线

当变电站只有两台主变压器和两路出线时可用桥式接线。桥式接线分为内桥接线和外桥接线两种，如图2-15所示。内桥接线桥断路器QF3在线路断路器QF1、QF2内侧；外桥接线桥断路器在线路断路器QF1、QF2外侧。

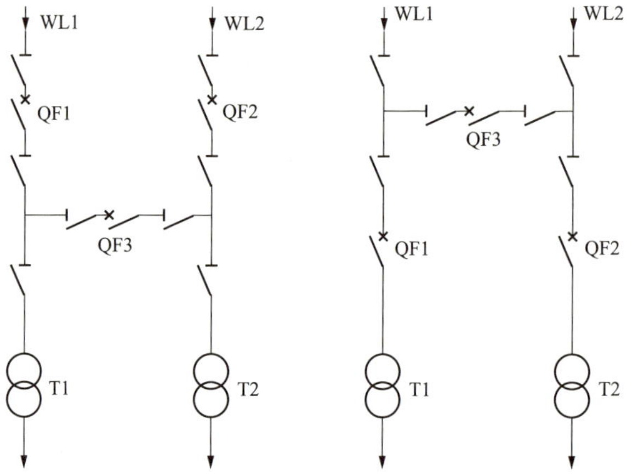

（a）内桥　（b）外桥

图2-15　桥式接线

内桥接线的特点是线路的投切比较方便，线路故障时，仅故障线路跳闸，不影响其他回路运行；但变压器故障时与该变压器连接的两台断路器都跳闸，从而影响了正常线路的运行。此外，变压器投切比较麻烦，需操作与该变压器连接的两台断路器。但由于变压器元件比较可靠，故障概率较小，一般也不经常切换，因此采用内桥较多。

外桥接线的特点是线路的投切需操作与之相连的两台断路器，并影响变压器正常运行，但变压器投切不影响线路供电。故外桥接线适用于线路较短、检修操作和故障均较少、而变压器又经常切换的情况。当电网有穿越功率输送时也采用外桥接线。

桥式接线在进行倒闸操作时比较复杂，目前上海还有少量 35kV 和 220kV 变电站高压侧采用桥式接线。

3. 角形接线

图 2-16 为多角形接线。多角形接线的断路器数等于电源回路和出线回路的总数，断路器接成环形电路，电源支路和出线支路都接在两台断路器之间。

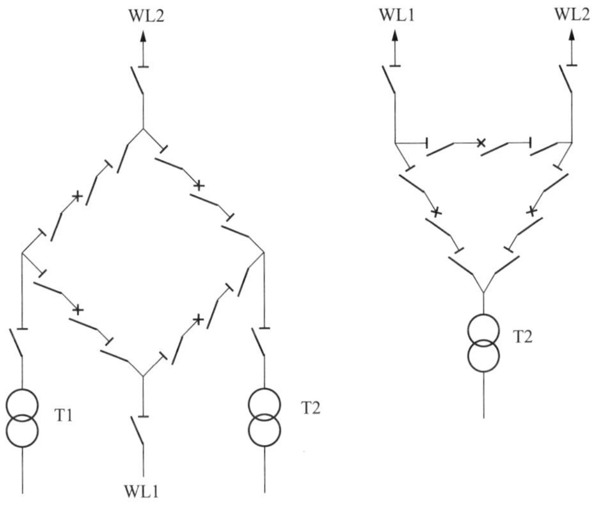

（a）四角形接线　（b）三角形接线

图 2-16　多角形接线

多角形接线可靠性较高，任一台断路器检修时，只需断开其两侧的隔离开关，不会引起任何回路停电；不存在母线故障所产生的影响；任一回路故障时，只跳开与它相连接的两台断路器，不影响其他回路。多角形接线操作也比较简单。多角形接线的缺点是任何一台断路器检修时，多角形接线开环运行，若此时再有故障导致断路器跳开，则供电关系会造成混乱；由于运行方式变化大，电气设备不同工况所流过工作电流差别较大，会给电气设备选择带来困难，并且继电保护配置也较为复杂；同时，多角形接线也不便于扩建。

多角形接线一般不多于六角形，通常为三角形和四角形。由于多角形接线无母线，建设规模较小，多用于进出线数较少、地形狭窄的中小型水力发电厂中。

2.2 500/220kV 变电站典型接线

2.2.1 500kV 变电站典型接线

500kV 变电站是输电网中关键的节点，对电网的供电安全性和可靠性起着至关重要的作用。上海 500kV 变电站中压侧设计为 220kV，低压侧设计为 35kV 或 66kV。

500kV 变电站高压侧接线大多数采用 3/2 接线形式，也有少量采用线路—变压器组接线形式。3/2 接线变电站代表了 500kV 网架中的枢纽节点，通过各条出线联络不同的 500kV 厂站。线路—变压器组接线一般用于大型城市负荷中心区域变电站，是 500kV 网架的终端节点。

电能经过 500kV 输电线路输送至 500kV 变电站高压侧，再经过降压变压器降压后以 220kV 电压等级输送至下级变电站或用户。因此，站内中压侧 220kV 接线承担着电能分配的重任。由于输送容量较大，因此需要多条 220kV 线路送出电能，在这种情况下，为了保证输电的可靠性，常采用双母线四分段接线或 3/2 接线。

500kV 变电站低压侧主要设计为无功补偿设备以及站用变压器（简称站用变）。低压侧接线采用单母线无分段接线，每台主变带一条低压母线。

1. 500kV 枢纽型变电站

图 2-17 为典型 500kV 枢纽型变电站接线实例（见文后插页）。该变电站运行电压等级为 500、220kV 和 66kV 三个电压等级，共 4 台主变，为了降低单相短路电流，主变中性点采用经小电抗接地方式。高压侧采用 3/2 接线形

式，共 6 串；中压侧 220kV 采用 3/2 接线，共 10 串；低压侧 4 台主变带四段母线。

2. 500kV 终端型变电站

图 2-18 为典型 500kV 终端型变电站接线实例（见文后插页）。该变电站运行电压等级为 500、220kV 和 66kV 三个电压等级，共 2 台主变，主变中性点采用直接接地方式。高压侧 500kV 采用线路—变压器组接线，中压侧 220kV 采用双母线分段接线，共 12 个间隔，低压侧 2 台主变带两段母线。

2.2.2 220kV 变电站典型接线

220kV 变电站是电网中电力分配的关键环节，上海 220kV 变电站中压侧设计为 110kV，低压侧设计为 35kV。

220kV 变电站高压侧接线形式主要有双母线接线、桥式接线、线路—变压器组接线等形式。与 500kV 变电站一样，双母线接线变电站代表了 220kV 网架中的枢纽节点或中间节点，桥式接线和线路—变压器组接线一般为网架中的终端节点，多为了满足负荷中心区域的电能供应。

中压侧 110kV 部分出线用于向 110kV 变电站供电，还有部分 110kV 出线供大用户。中压侧一般设计为单母线分段接线，每台主变带一段 110kV 母线。

低压侧 35kV 部分支路用于向低压 35kV 变电站供电，还有部分 35kV 线路供大用户用电。低压侧一般采用单母线分段接线。目前还有少量老站采用双母线无分段接线，或双母线单分段接线，但随着电网的不断更新改造，正逐步被单母线分段接线取代。

1. 220kV 中心变电站

图 2-19 为典型 220kV 中心变电站接线实例（见文后插页）。该变电站运行电压等级为 220kV、110kV 和 35kV 三个电压等级，共 3 台主变，主变高压侧中性点采用直接接地方式。高压侧 220kV 采用双母线四分段接线形式，中压侧 110kV 采用单母线三分段接线，低压侧 3 台主变带六段母线。

2. 220kV 终端变电站

图 2-20 为典型 220kV 终端型变电站接线实例（见文后插页）。该变电站运行电压等级为 220kV、110kV 和 35kV 三个电压等级，共 2 台主变，主变高压侧中性点采用直接接地方式。高压侧 220kV 采用线路—变压器组接线，中压侧 110kV 采用单母线分段接线，共 12 个间隔，低压侧 2 台主变带四段母线。

2.3 110/35kV 变电站典型接线

配电网是指从输电网或地区发电厂接收电能，通过配电设施就地分配或按电压逐级分配给各类用户的电网，在电力网中起分配电能的作用。在上海一般将 110kV 及以下电压等级的电网称为配电网，35kV 和 110kV 的配电网称为高压配电网。35kV 和 110kV 变电站作为高压配电网的枢纽起着举足轻重的作用。

2.3.1 110kV 变电站典型接线

110kV 变电站是高压配电网中电力分配的关键环节，上海 110kV 变电站低压侧设计为 10kV。

上海 110kV 变电站最终规模为 3 台主变，采用 110/10kV 变压器，110kV 中性点采用直接接地方式，10kV 中性点采用经小电阻接地方式。

上海 110kV 变电站高压侧采用单母线接线，具体为“一进三出”（含主变）接线，即单母线上有一条进线和三条出线（包含主变），其中一回 110kV 线路直供用户，低压侧采用单母线六分段环形接线。110kV 进线电源宜来自（或追溯至）不同 220kV 变电站，初期在电源变电站较少情况下可来自同一 220kV 变电站的不同 110kV 母线段。

上海 110kV 变电站的典型接线实例如图 2-21 所示（见文后插页），该变电站运行电压等级为 110kV 和 10kV 两个电压等级，9 回 110kV 进线出线，3 回 110kV 主变回路。

变电站 110kV 侧采用 SF_6 气体绝缘全封闭组合开关设备（Gas Insulated Switchgear，GIS）。随着经济与技术的不断发展，GIS 普遍用于 110kV 及以上电压等级中，其优越性主要表现在占地面积小、密封性好、安全性高、施工工期短等。

变电站低压侧采用单母线分段的接线形式，具体为 3 台主变带六分段环形接线，每台主变配置 10kV 出线 14 ~ 16 回。1 台主变带两条母线，不同的主变所带母线之间通过分段断路器进行联络。1 号主变带 10kV 一、二段母线；2 号主变带 10kV 三、四段母线；3 号主变带 10kV 五、六段母线。由 10kV 一 / 六段分段断路器进行 10kV 一、六段母线之间的实联；由 10kV 二 / 三段分段断路器进行 10kV 二、三段母线之间的实联；由 10kV 四 / 五段分段断路器进行 10kV 四、五段母线之间的实联。母线之间的分段断路器装有自动切换装置，即 10kV 一 / 六段分段、10kV 二 / 三段分段、10kV 四 / 五段分段断路器装有备用电源自动切换装置。当 1 号主变 10kV 断路器、2 号主变 10kV 断路器或 3 号主变 10kV 断路器任一电源失压时，自动切换装置动作，将失电侧的电源断路器跳开，自动合上 10kV 一 / 六段分段断路器、10kV 二 / 三段分段断路器或 10kV 四 / 五段分段断路器，使失电母线恢复带电。正常运行时，10kV 一 / 六段分段断路器、10kV 二 / 三段分段断路器和 10kV 四 / 五段分段断路器均处于热备用状态。

当 1 台主变因故障或检修退出运行，只需在变电站的低压侧作转移负荷的操作，就能确保全站供电正常，对相邻变电站无影响。当一条 110kV 线路因故障或检修退出运行时，将本 110kV 线路退出运行，由于 110kV 变电站为链式结构组合，因此只要同一母线上的另一条 110kV 线路继续供电，就能确保全站正常供电。

上海 110kV 变电站在初期阶段可以设计为 2 台主变，110kV 侧采用“一进两出”（含主变）接线，10kV 侧采用单母线四分段环形接线，如图 2-21 所示。

此外，早期的 110kV 变电站的接线形式，110kV 侧大多采用内桥接线，10kV 侧采用单母线分段接线形式，安装有 2 台主变。这种接线的优点主要在线路检修或线路故障时，依旧能够保证两台主变运行。但是内桥接线也有非常明显的缺点，当变压器检修或故障时，需要断开一路电源和桥断路器，再根据需要投入线路断路器，这样操作步骤较多，继电保护装置也较复杂。为建设资源节约型、环境友好型电网，在充分考虑投资经济性的前提下，变电站设计、建设应节约用地，合理选用小型化、环保型设备，充分利用空间，精心布置，尽可能减少占地面积和建筑面积，在上海地区，内桥接线形式逐渐被取代，目前还有少量老站采用内桥接线形式。

2.3.2 35kV 变电站典型接线

35kV 变电站也是高压配电网中电力分配的关键环节，上海 35kV 变电站低压侧设计为 10kV。

上海 35kV 变电站为 3 台主变，采用 35/10kV 变压器，35kV 中性点可以采用不接地方式。10kV 中性点可以采用经消弧线圈接地或小电阻接地。35kV 架空网宜采用中性点经消弧线圈接地方式，35kV 电缆网宜采用中性点经小电阻接地方式，宜将接地电流控制在 1000A 以下。高压侧采用单母线接线或线路—变压器组接线，其中单母线接线具体为“一进三出”（含主变）带开关站性质的接线，两回 35kV 线路直供用户，低压侧采用单母线六分段环形接线。35kV 进线电源宜来自（或追溯至）不同 220kV 变电站，1 号主变、3 号主变可以来自同一 220kV 变电站的不同 35kV 母线段，2 号主变可以来自另一座 220kV 变电站。在周边电源丰富、可靠性要求很高时，可以考虑 3 回 35kV 进线电源均来自不同的 220kV 变电站。

上海 35kV 变电站采用“一进三出 ”（含主变）带开关站性质的典型接线实例如图 2-22 所示（见文后插页），该变电站运行电压等级为 35kV 和 10kV

两个电压等级，9 回 35kV 进出线回路，3 回 35kV 主变回路。变电站高压侧采用“一进三出”接线形式，即单母线上有 1 条进线和 3 条出线（包含主变）。

上海 35kV 变电站最终规模采用线路—变压器组典型接线图如图 2-23 所示，该变电站运行电压等级为 35kV 和 10kV 两个电压等级，3 回 35kV 主变回路。变电站高压侧采用线路—变压器组接线形式，其接线方式的优点包括接线简单、使用设备少、投资少、操作方便等。

上海 35kV 变电站的低压侧采用单母线分段的接线形式，具体为 3 台主变带六分段环形接线，每台主变配置 10kV 出线 10 回。1 台主变带两条母线，不同的主变所带母线之间通过分段断路器进行联络。1 号主变带 10kV 一、二段母线；2 号主变带 10kV 三、四段母线；3 号主变带 10kV 五、六段母线。由 10kV 一 / 六段分段断路器进行 10kV 一、六段母线之间的实联；由 10kV 二 / 三段分段断路器进行 10kV 二、三段母线之间的实联；由 10kV 四 / 五段分段断路器进行 10kV 四、五段母线之间的实联。

上海 35kV 变电站在初期阶段可以设计为 2 台主变；35kV 侧采用线路—变压器组接线或“一进两出”（含主变）接线；10kV 侧采用单母线分段接线，如图 2-22 和图 2-23 所示（见文后插页）。

此外，早期的 35kV 变电站的接线形式，35kV 侧大多采用内桥接线，10kV 侧采用单母线分段接线形式，安装有 2 台主变。目前随着城市的发展，土地越发紧缺，为了节约用地，越来越多的 35kV 变电站采用线路—变压器组接线。目前，上海地区只有少数几座老式 35kV 变电站的高压侧采用内桥接线。

2.3.3 110kV 开关站典型接线

上海 110/35kV 开关站的设置应以节约通道资源、提高电力设施利用效率为目标。

110kV 开关站采用单母线分段的接线形式，规模宜为 2 回进线，6 ~ 10 回出线。110kV 开关站的进线电源应来自不同 220kV 变电站，初期在电源变电站较少的情况下可来自同一 220kV 变电站的不同 110kV 母线段。

上海 110kV 开关站典型接线图如图 2-24 所示，该开关站运行电压等级为 110kV，现有 2 回 110kV 进线，6 回 110kV 出线。220kV 甲变电站的 110kV 出线送本开关站 110kV 一段母线；220kV 乙变电站的 110kV 出线送本开关站 110kV 二段母线。

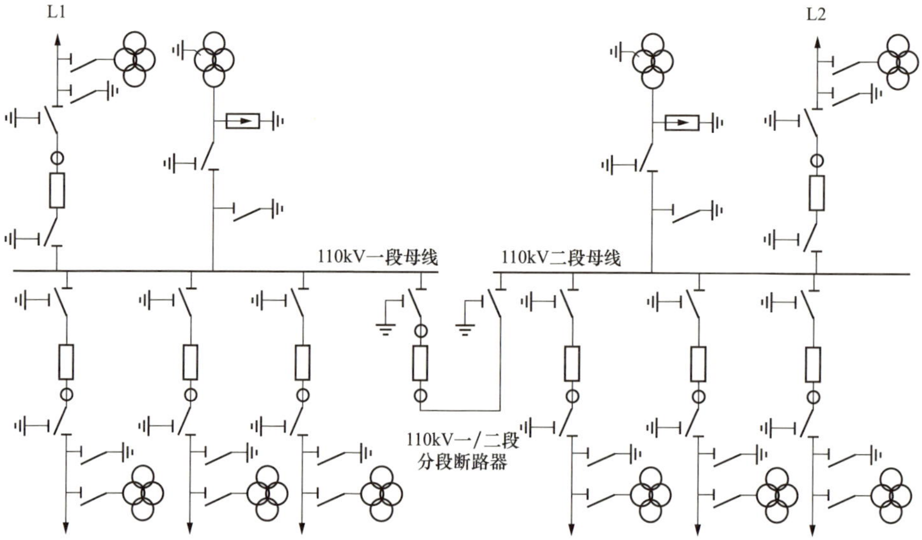

图 2-24 上海 110kV 开关站典型接线实例

2.3.4 35kV 开关站典型接线

35kV 开关站采用单母线分段（带自切）的接线形式，规模宜为 2 回进线、最多 10 回出线。35kV 开关站最终规模进线电源应来自不同 220kV 变电站，初期在电源变电站较少的情况下可来自同一 220kV 变电站的不同 35kV 母线段。

上海 35kV 开关站典型接线如图 2-25 所示。该开关站运行电压等级为 35kV，现有 2 回 35kV 进线、10 回 35kV 出线。220kV 甲变电站 35kV 出线送本开关站 35kV 一段母线；220kV 乙变电站 35kV 出线送本开关站 35kV 二段母线。

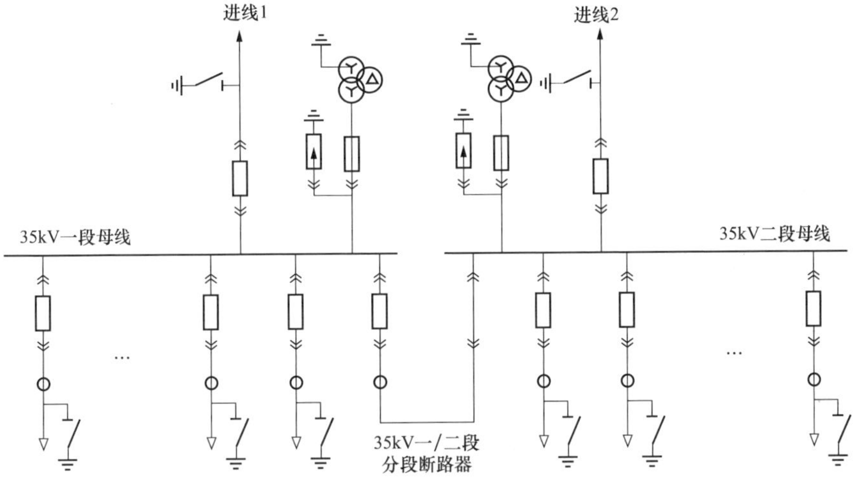

图 2-25 上海 35kV 开关站单母线分段接线图

2.4

10kV 配电站典型接线

10kV 配电站是向用户就近供电的一个网络节点，按照规模大小可分为三种类型，即开关站（K 型站）、环网站（P 型站）、户外站（W 型站）。

1. 开关站

K 型站即为开关站，其又分为带变压器的 KT 型和不带变压器的 KF 型两种类型。10kV 侧采用断路器，出线带继电保护。根据采用的断路器型式的不同，开关站可以分为 KA 型和 KG 型两种类型，其中 A 代表采用的是空气绝缘开关柜，G 代表采用的是充气开关柜。在开关站中，由于使用不同型式的断路器，因而图形符号不同，但电气主接线形式是相同的。开关站的型式见表 2-6。

2. 环网站

P 型站即为环网站，环网站中又分为带 1 台变压器的 PT1 型、带 2 台变压器的 PT2 型和不带变压器 PF 型三种类型。10kV 侧采用环网柜，进线不带保护，出线带熔断器保护。10kV 环网站的型式见表 2-7。

表 2-6　　10kV 开关站的型式

断路器型式 \ 变压器数量（台）	2	无
空气绝缘开关柜	KTA 型	KFA 型
充气开关柜	KTG 型	KFG 型

表 2-7　　10kV 环网站的型式

变压器数量（台）	环网站型式
1	PT1
2	PT2
无	PF

3. W 型站

W 型站即为户外站，户外站又分为 WX 型、WL 型、WH 型。其中，WX 代表预装式配电站，也称箱式变压器，对有进出线成环网的预装式配电站也称环网箱变；WL 代表低压户外电缆分支装置；WH 表示不带变压器，仅带分支电缆的 10kV 户外配电站，也称 10kV 户外环网装置，可以装设熔断器，也可不装熔断器，根据需要而定。

2.4.1　10kV 开关站典型接线

上海 10kV 开关站宜采用单母线分段（带自切）的接线形式，10kV 一 / 二段分段断路器装有自动切换装置。当 10kV 一段母线和 10kV 二段母线任一母线失压时，自动切换装置动作，将失电侧的电源开关跳开，自动合上 10kV 一 / 二段分段断路器，使失电母线继续带电。正常运行时，10kV 一 / 二段分段断路器处于热备用状态。。根据负荷的分布和容量特点，10kV 开关站规模宜为 2 回进线，6 ~ 14 回出线，包含站用变或配电变压器仓位。

如果开关站内配置有 2 台配电变压器（KT 型站），上述出线数量中含本站自带配电变压器出线间隔。低压侧采用单母线分段接线，设分段断路器，12 回或 18 回低压出线。

上海 10kV KF 型开关站典型接线图如图 2-26 所示，有 2 回 10kV 进线，6 ~ 14 回 10kV 出线。110（35）kV 甲变电站（或 10kV 开关站）送本开关站 10kV 一段母线。110（35）kV 乙变电站（或 10kV 开关站）送本开关站 10kV 二段母线。

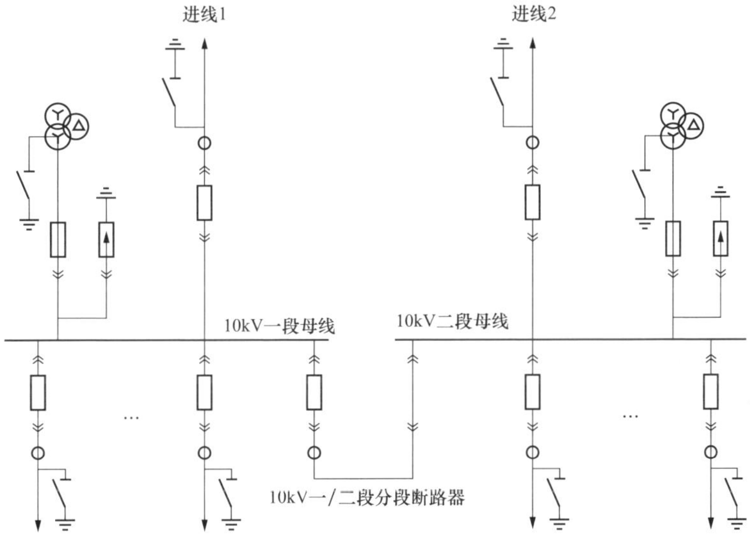

图 2-26　上海 10kV KF 型开关站接线图

上海 10kV KT 型开关站典型接线实例如图 2-27 所示，有 2 回 10kV 进线，10 回 10kV 出线，12 回 0.4kV 出线。

10（35）kV 甲变电站（或开关站）送本开关站 10kV 一段母线。110（35）kV 乙变电站（或开关站）送本开关站 10kV 二段母线。

110kV 一段母线和 10kV 二段母线上分别装有 1 号、2 号配电变压器，低压侧分为 0.4kV 一段母线和 0.4kV 二段母线，0.4kV 侧采用单母线分段接线形式，由低压分段开关进行 0.4kV 一段母线和 0.4kV 二段母线之间的实联。当低压侧任一段母线失电时，可手动合上低压分段断路器确保设备继续运行。正常运行时，低压分段断路器处于冷备用状态或热备用状态。

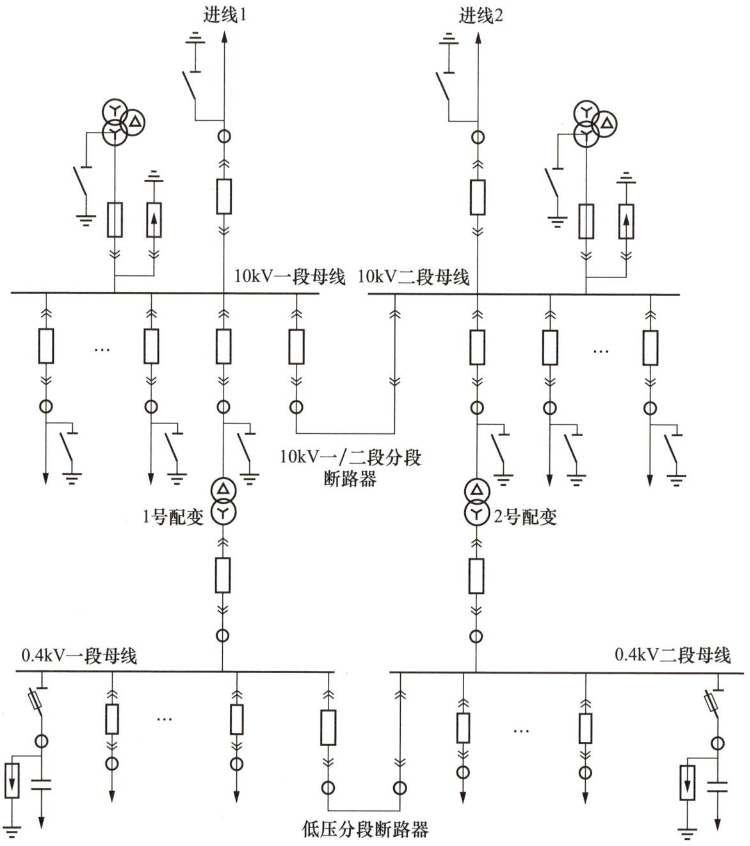

图 2-27　上海 10kV KT 型开关站接线图

目前在配置 10kV 自愈系统的钻石型电网中，自愈系统需待保护动作后或母线无压无流后才会动作，而自切需待自愈动作后才会动作，自愈动作成功后自切不会动作。自愈和自切只能选择一种，否则容易造成故障后运行方式的不确定。

2.4.2　10kV 环网站典型接线

上海环网站 10kV 侧宜采用单母线分段带联络断路器（开环运行）或线路—变压器组接线模式。正常运行时，10kV 一 / 二段分段一段负荷开关和 10kV 一 / 二段分段二段负荷开关处于拉开位置。根据负荷的分布和容量特点，10kV 环网站规模宜为 2 回进线、2 ~ 6 回出线。

除 2 回进线、2 回出线的 PT1 型和 PT2 型站外，PT 型站每段母线应保留一回出线不带熔断器保护，供送环网。如 P 型站内配置 2 台配电变压器，上述出线数量中含本站自带配电变压器出线间隔。低压侧采用单母线分段接线，设联络断路器，8 回或 12 回低压出线。

上海 10kV PF 型环网站典型接线图如图 2-28 所示，有 2 回 10kV 进线、6 回 10kV 出线。

10kV 甲开关站（或 10kV 环网站）送本环网站 10kV 一段母线。10kV 乙开关站（或 10kV 环网站）送本环网站 10kV 二段母线。

上海 10kV PT2 型环网站主接线图如图 2-29 所示，有 2 回 10kV 进线，6 回 10kV 出线，12 回低压出线。

10kV 甲开关站（或 10kV 环网站）送本环网站 10kV 一段母线。10kV 乙开关站（或 10kV 环网站）送本环网站 10kV 二段母线。

10kV 一段母线和 10kV 二段母线上分别装有 1 号、2 号配电变压器，低压侧分为 0.4kV 一段母线和 0.4kV 二段母线，0.4kV 侧采用单母线分段接线形式，由低压分段断路器进行 0.4kV 一段母线和 0.4kV 二段母线之间的实联。当低压侧任一段母线失电时，可手动合上低压分段断路器确保设备继续运行。正常运行时，低压分段断路器处于冷备用状态或热备用状态。

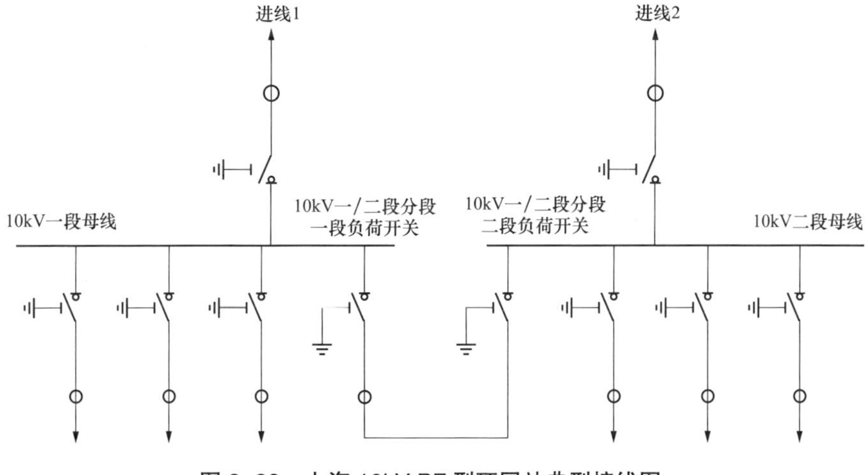

图 2–28　上海 10kV PF 型环网站典型接线图

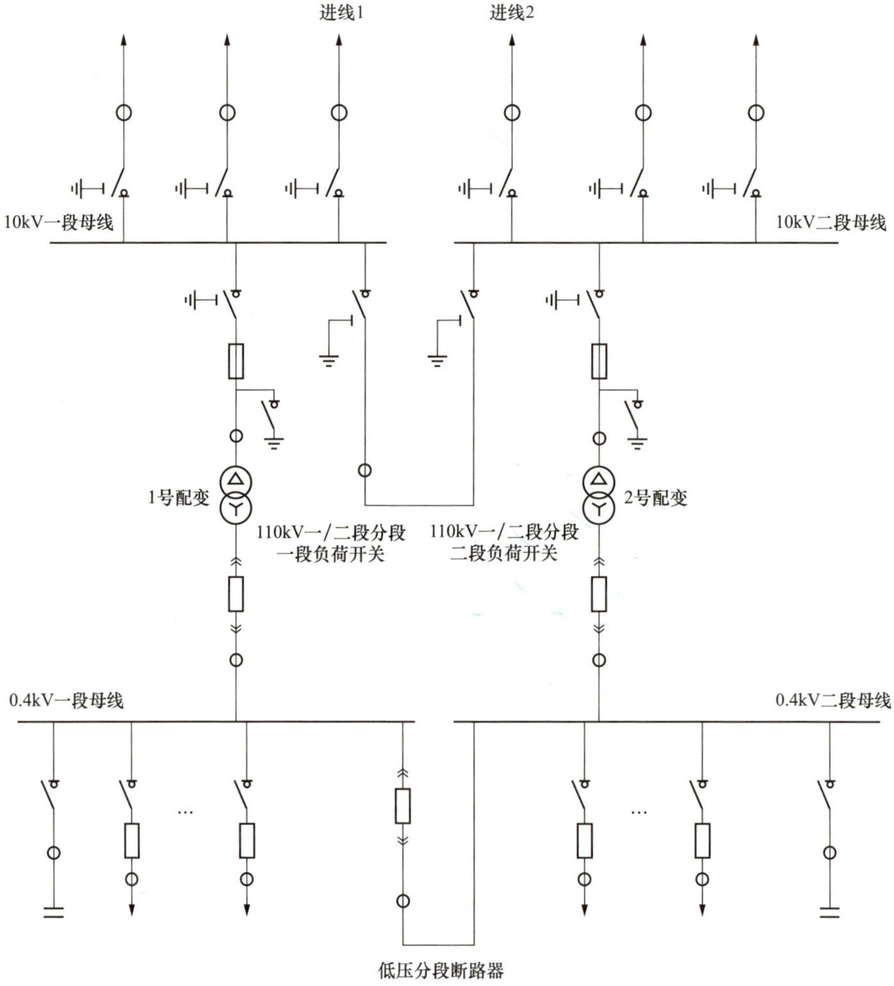

图 2-29　上海 10kV PT2 型环网站接线图

小结

本章介绍了变电站典型的基本接线形式及其特点，上海500/220kV变电站典型接线，110/35kV变电站典型接线以及10kV配电站典型接线。在变电站典型的基本接线形式内容中，主要介绍了单母线接线、双母线接线、3/2接线等接线形式，简单介绍了线路—变压器组接线、桥式接线等其他接线形式，并结合实际介绍了多种接线形式在上海的实际应用。在上海变电站典型接线内容中，介绍了上海500/220kV变电站、110/35kV变电站（开关站）以及10kV配电站的典型接线形式和中性点接地方式。在10kV配电站的典型接线内容中，主要介绍了10kV开关站和10kV环网站的典型接线形式。

习题与思考题

2-1　单母线接线中，线路通常有几种运行状态？相应的断路器、隔离开关分别处于什么状态？

2-2　双母线接线热倒母线的操作步骤是什么？

2-3　隔离开关与断路器的主要区别是什么？倒闸操作中分别应遵循哪些重要原则？

2-4　500kV 变电站高压侧一般采用哪种接线形式？为什么？

2-5　220kV 变电站内，中低压侧分段断路器自动切换装置动作的条件是什么？

2-6　试述内桥接线和外桥接线的特点及其适用场合。

2-7　随着经济与技术的不断发展，GIS 普遍用于 110kV 及以上电压等级中，请简述 GIS 的优势。

2-8　结合图 2-21 试述 10kV 一 / 六段分段断路器、10kV 二 / 三段分段断路器以及 10kV 四 / 五段分段断路器的作用。

2-9　简述上海 10kV 配电站的分类及其特点。

2-10　简述上海电网 $N-1$ 准则，包括正常运行方式 $N-1$ 和检修方式 $N-1$。

2-11 某地区 35kV 系统以架空网为主，试分析该地区 35kV 变电站中性点接地方式，并简述原因。

2-12 简述上海 10kV 开关站出线接线形式。

第3章 CHAPTER THREE

03 主设备选型

主设备选型是电气设计的主要内容之一，也是变电站从规划设计到建设施工非常重要的一个环节，对变电站及整个电网运行的安全性、经济性都有着较大影响。本章介绍了主设备选型的基本原则以及各类主设备选型的一般方法，并列举了上海地区的典型主设备，旨在让读者对变电站内设备选型有一个整体认识。

3.1 主设备选型基本原则

电力系统的电气设备根据作用的不同可分为一次设备和二次设备。一次设备又称为主设备，是完成电能生产、变换、输送和分配的设备；二次设备是对一次设备的运行状态进行测量、控制、监视和起保护作用的设备。本章的主设备主要从电网角度进行介绍，包括主变压器、开关电器、载流导体和无功补偿装置等。

主变压器是变电站中重要元件之一，是一种基于电磁感应原理改变交流电压与电流的大小而不改变频率的设备，它实现了电能在不同电压等级电网中的传输。

开关电器是用来接通和断开回路、切除和隔离故障的重要设备。电网中常见的开关电器有断路器、隔离开关、负荷开关和熔断器。

载流导体是用于电能传输的载体，其通常由铝、铝合金、铜制成。电网传输电能用的载流导体主要是软导线及电缆，而变电站内汇流母线等载流导体主要采用硬导体。

无功补偿装置用于向电网提供容性或感性无功，以提高电网功率因数，降低电能传输损耗。常见的无功补偿装置有并联电容器、并联电抗器等。

3.1.1 一般原则

主设备选型需遵循的一般原则如下：

（1）应符合国家、行业标准的要求，并考虑工程建设条件、发展规划和分期建设的可能，力求技术先进、安全可靠、经济合理、符合国情；

（2）应满足正常运行、检修、短路和过电压情况下的要求，并适应远景发展；

（3）应满足环境条件要求；

（4）应与整个工程的建设标准协调一致；

（5）同类电气设备规格、品种不宜过多；

（6）应积极慎重地选择通过试验、正式鉴定合格并具备工程运行经验的新技术、新设备。

3.1.2 技术条件

主设备应在长期工作条件下确保正常运行，在短路情况下满足热稳定和动稳定的要求。

1. 长期工作条件

（1）电压。主设备所在电网的运行电压因系统调压或负荷的变化，有时会高于电网的额定电压，为保证主设备正常运行，所选主设备允许的最高工作电压不得低于所接电网的最高运行电压。通常，规定一般电气设备允许的最高工作电压为设备额定电压的 1.1 ~ 1.5 倍，而电网运行电压的波动范围，一般不超过电网额定电压的 1.15 倍。因此，在选择电气设备时，一般可按照电气设备的额定电压 U_N 不低于装置地点电网额定电压 U_{SN} 的条件选择，即

$$U_N \geqslant U_{SN} \tag{3-1}$$

变压器一次绕组的额定电压与所接电网的额定电压相等，二次绕组的额定电压一般比所接电网的额定电压高 10%（当变压器的短路电压小于 7% 或直接和用户连接时，值取 5%）。

开关类设备的额定电压应选为电气设备的最高工作电压，电气设备的最高工作电压应按照 GB/T 156—2017《标准电压》的规定选取。3kV 及以上交流系统的标称电压值及电气设备的最高工作电压见表 3-1。

表 3-1　3kV 及以上交流系统的标称电压值及电气设备的最高工作电压

交流系统标称电压（kV）	电气设备的最高工作电压（kV）	交流系统标称电压（kV）	电气设备的最高工作电压（kV）
3	3.6	110	126
6	7.2	220	252
10	12	330	363
20	24	500	550
35	40.5	750	800
66	72.5	1000	1100

（2）电流。电气设备的额定电流 I_N 是指在额定环境温度下，电气设备的长期允许电流。I_N 应不小于该回路在各种合理运行方式下的最大持续工作电流 I_w，即

$$I_N \geqslant I_w \tag{3-2}$$

不同回路的最大持续工作电流可按表 3-2 中所列原则确定。

表 3-2　回路最大持续工作电流

回路名称		回路最大持续工作电流	说明
出线	电抗器回路	电抗器额定电流	—
	单回路	线路最大负荷电流	包括线路损耗与事故转移过来的负荷
	双回路	1.2 ~ 2 倍一回线正常最大负荷电流	包括线路损耗与事故转移过来的负荷
	环形与一台半断路器接线回路	两个相邻回路的正常负荷电流	考虑断路器事故或检修时，一个回路加另一最大回路负荷电流的可能
	桥形接线回路	最大元件负荷电流	应考虑穿越功率
变压器回路		1.05 倍变压器额定电流	—
		1.3 ~ 1.8 倍变压器额定电流	要求承担另一台变压器事故或检修时转移的负荷
母线联络回路		1 个最大电源元件的计算电流	—
母线分段回路		母线回路额定电流	考虑电源元件事故跳闸后仍能保证该段母线负荷

电气设备的额定电流参数在满足式（3-2）的前提下，应参照 GB/T 762—2002《标准电流等级》规定的 R10 系列中选取。

2. 短路情况校核

（1）短路的热稳定条件。电流流经电气设备时因各类损耗会产生热量，为了保证电气设备不因热效应而发生故障，当短路电流通过时，电气设备各部件温度（或发热效应）应不超过允许值。短路的热稳定条件为

$$I_t^2 t > Q_\mathrm{k} \tag{3-3}$$

式中：I_t 为时间 t 内电气设备允许通过的热稳定电流有效值，A；t 为设备允许通过的额定短时耐受电流的时间，s；Q_k 为短路计算时间 t_k 内短路电流产生的热效应，$\mathrm{A^2 \cdot s}$。

$$\begin{aligned} Q_\mathrm{k} &= \int_0^{t_\mathrm{k}} i_{\mathrm{k}t}^2 \mathrm{d}t = \int_0^{t_\mathrm{k}} \left(\sqrt{2} I_{\mathrm{p}t} \cos \omega t + i_{\mathrm{np0}} \mathrm{e}^{-\frac{t}{T_\mathrm{a}}} \right)^2 \mathrm{d}t \\ &\approx \int_0^{t_\mathrm{k}} I_{\mathrm{p}t}^2 \mathrm{d}t + \int_0^{t_\mathrm{k}} i_{\mathrm{np0}}^2 \mathrm{e}^{-\frac{2t}{T_\mathrm{a}}} \mathrm{d}t = Q_\mathrm{p} + Q_\mathrm{np} \end{aligned} \tag{3-4}$$

式中：t_k 为校验设备短路热稳定所用的计算时间，s，参照式（3-5）；$i_{\mathrm{k}t}$ 为 t 时刻短路全电流瞬时值，A，包括 t 时刻短路电流周期分量 $I_{\mathrm{p}t}$ 及短路电流非周期分量$i_{\mathrm{np0}} \mathrm{e}^{-\frac{t}{T_\mathrm{a}}}$两部分；$i_{\mathrm{np0}}$ 为短路电流非周期分量起始值，$i_{\mathrm{np0}} = -\sqrt{2} I''$，其中 I'' 为短路电流周期分量 0s 值；T_a 为非周期分量衰减时间常数，s。

$$t_\mathrm{k} = t_\mathrm{pr} + t_\mathrm{br} \tag{3-5}$$

式中：t_pr 为继电保护装置时间，s，按我国电气设计有关规定验算电气设备时宜采用后备保护动作时间；验算裸导体宜采用主保护动作时间，如主保护有死区时，则采用能对该死区起作用的后备保护动作时间，并采用相应处的短路电流值；验算电缆时，对电动机等直馈线应取主保护动作时间，其余宜按后备保护动作时间。t_br 为断路器的全开断时间，s，指的是给断路器的分闸脉冲传送到断路器操动机构的跳闸线圈时起，到各相触头分离后电弧完全熄灭为止的时间段，由断路器固有分闸时间和断路器开断时电弧持续时间组成。

通过对式（3-4）简化计算，短路电流周期分量及非周期分量的热效应为

$$\left.\begin{aligned} Q_{\mathrm{p}} &= \frac{t_{\mathrm{k}}}{12}(I''^2 + 10I_{t_{\mathrm{k}/2}}^2 + I_{t_{\mathrm{k}}}^2) \\ Q_{\mathrm{np}} &= TI''^2 \end{aligned}\right\} \tag{3-6}$$

式中：$I_{t_{\mathrm{k}/2}}$、$I_{t_{\mathrm{k}}}$分别为短路电流周期分量在$t_{\mathrm{k}/2}$、t_{k}时的值，A；T为非周期分量的等效时间，s，对于变电站各级电压母线及出线一般取 0.05s。

当短路电流计算时间 $t_{\mathrm{k}} > 1\mathrm{s}$ 时，导体的发热主要由周期分量来决定，在此情况下非周期分量的影响可略去不计。

（2）短路的动稳定条件。处于磁场中的通流导体或设备会受到电动力的作用，当短路电流通过时，电气设备承受的电流机械效应应不超过允许值。短路动稳定条件为

$$i_{\mathrm{es}} \geqslant i_{\mathrm{sh}} \text{ 或 } I_{\mathrm{es}} \geqslant I_{\mathrm{sh}} \tag{3-7}$$

式中：i_{sh}、I_{sh} 分别为短路冲击电流幅值及其有效值；i_{es}、I_{es} 分别为电气设备允许通过的动稳定电流的幅值及其有效值。

3.1.3 环境条件

当电气设备安装地点的环境条件超过一般使用条件时，环境条件的变化会对设备的绝缘性能、灭弧能力、机械性能产生影响。所以在选择主设备时，应按环境条件进行校核。进行主设备选型时需考虑的环境条件有温度、日照、风速、冰雪、湿度、污秽、海拔和地震等。

1. 温度

在实际运行中，周围环境温度直接影响电气设备的发热温度。若电气设备运行温度过高，则会对绝缘材料的绝缘性能以及金属材料的机械性能产生不利影响。若环境温度较低，则会对操动机构、电子元器件等电气设备部件的性能产生不利影响。在高寒地区，应选择能适应当地环境最低温度的高寒电气设备；若周围环境温度低于电气设备、仪表和继电器设备的最低允许温度，则应装设加热装置或采取保温措施。

电气设备的额定电流必须经过温度修正。根据 DL/T 5222—2021《导体和电器选择设计规程》，我国生产的电气设备一般使用的额定环境温度为 40℃，如周围环境温度高于 40℃（但不大于 60℃）时，其长期允许电流一般可按每增高 1℃，额定电流减少 1.8% 进行修正；当环境温度低于 40℃时，环境温度每降低 1℃，额定电流可增加 0.5%，但其最大过负荷不得超过额定电流的 20%。

根据上海市气象局气象资料，上海累年年极端最高气温一般不超过 40℃，无须进行温度修正。

2. 日照

当导体布置在屋外时，会吸收太阳的辐射而产生温升，在其他环境条件相同的情况下导体的通流能力会降低。日照对屋外电气设备的影响应由制造部门在产品设计中考虑，当缺乏数据时，可按电气设备额定电流的 80% 来选择。

3. 风速

风会对架空导线产生风偏作用，对屋外布置的配电装置的机械强度也会产生影响。主设备选择时应按地区最大风速考虑，一般取离地面 10m 高、30 年一遇的 10min 平均最大风速。最大设计风速超过 35m/s 的地区，应在户外配电装置的设计中采取有效的防护措施。

根据上海市气象局气象资料，上海地区累年实测 10min 平均最大风速为 17.7m/s，上海线路设计风速一般按 29m/s 考虑。

4. 冰雪

冰雪会对户外配电装置的操动机构产生不利影响，覆冰情况下的架空线路导线张力也会相应增加。主设备选型时需考虑设备安装地区的冰雪情况，在积雪、覆冰严重地区，应尽量采取防止冰雪引起事故的措施。

5. 湿度

湿度对设备的绝缘性能会产生不利影响。主设备选型时的环境湿度，应采用当地相对湿度最高月份的平均相对湿度；对湿度较高的场所，应采用该处实际相对湿度。当无资料时，可取比当地湿度最高月份的平均相对湿度高5%的相对湿度。

根据上海市气象局气象资料，上海累年年平均相对湿度约为78%。湿度较高的月份会导致电气设备内部产生凝露，为此上海除选用适用于高湿度环境下的设备类型外，还通过采用封堵材料、吸湿贴片及空调除湿机等设备来保障电气设备的正常运行。

6. 污秽

污秽地区内各种污秽物质对电气设备的危害，取决于污秽物质的导电性、吸水性、附着力、数量、密度、与污染源的距离及气象条件。为保证污秽地区电气设备的安全运行，在工程设计中应根据污秽情况选用下列措施：

（1）根据当地环境污秽条件确定电气设备外绝缘的爬电距离；

（2）增大电瓷外绝缘的统一爬电比距，选用有利于防污的材料或电瓷造型，如采用硅橡胶、大小伞、大倾角、钟罩式等特制绝缘子；

（3）采用热缩增爬裙增大电瓷外绝缘的有效爬电比距；

（4）经过技术经济比较确定采用GIS或室内配电装置；

根据《国家电网公司电网污区分布图（2020版）》，上海一般处于D、E类污区，一般按E类污区要求，规定户外设备的爬电比距≥3.1cm/kV。

7. 海拔

高海拔会对设备的绝缘性能产生影响。电气设备的一般使用条件为海拔不超过1000m。对于安装在海拔超过1000m地区的电气设备，其外绝缘应予以加强。对海拔高于4000m的电气设备外绝缘，应开展专题研究后确定。

8. 地震

选择主设备时，应根据地区的地震烈度选择能够满足地震要求的产品。对于抗震设防烈度在8度及以上时，应对一般设备核对其抗震能力；对于抗震设防烈度在7度及以上时，应对重要设备核对其抗震能力，必要时进行抗震强度验算。

上海受地震影响较小，电力设施抗震设防烈度一般按 7 度设计。

3.1.4 环境保护

1. 电磁辐射

电气设备在工频工况时产生的电磁波波长很长，工频电磁辐射是一种极低频率的电磁场，空间传输能力差，对周边环境的影响很低。

电气设备的电流、电压突变和电晕放电时，可能会产生频率大于 10kHz 的电磁干扰，损害或破坏电磁信号的正常接收及电气设备、电子设备的正常运行。

电气设备的电磁辐射控制一般根据 GB 8702—2014《电磁环境控制限值》和 GB/T 15707—2017《高压交流架空送电线无线电干扰限值》进行。根据运行经验和现场实测结果，对于 110kV 以下的电气设备一般可不校验电磁干扰。

2. 噪声

变压器、电抗器等线圈类设备运行时会产生噪声。为了减少噪声对工作场所和附近居民区的影响，所选高压电气设备在运行中或操作时产生的噪声水平应受到控制。

根据《上海市声环境功能区划（2019 年修订版）》（沪环气〔2020〕55 号），上海市声环境主要为 2、3 类地区，相应噪声控制水平应参照 GB 3096—2008《声环境质量标准》中的规定控制。

3. 气体污染

变电站的气体污染主要考虑 SF_6 气体泄漏产生的污染。SF_6 气体是电力行业中广泛使用的重要熄弧及绝缘介质。同时，SF_6 气体又是一种温室效应气体，为需全球管制使用的气体之一。此外，电气设备内的 SF_6 气体因为高温电弧等作用会产生氟化氢等有毒气体。

3.2 主变压器选型

本节主要介绍主变压器的选型。变压器根据作用原理可分为传统电磁型变压器和电力电子变压器。传统电磁型变压器成本低、效率高、可靠性好，广泛应用于电力系统中；电力电子变压器是基于大功率电力电子技术的新式变压器，通过交—直—交的转化，可对流经变压器的电能质量进行调节。本节所介绍的主变主要为传统电磁型变压器。

主变按照绕组耦合方式，可分为独立绕组变压器和自耦变压器；按相数可分为单相变压器和三相变压器；按绕组数可分为双绕组变压器、多绕组变压器；按调压方式可分为无调压变压器、无励磁调压变压器和有载调压变压器；按绝缘方式可分为油浸式变压器和干式变压器；按冷却方式可分为自冷变压器、风冷变压器、强迫油循环风冷变压器、强迫油循环水冷变压器、强迫油循环导向冷却变压器等。

3.2.1 容量和台数的选择

主变容量、台数的选择是影响供电可靠性以及投资经济性的重要因素。其主要取决于供电区域的负荷现状与增长潜力、对供电可靠性的要求以及地区电网结构、电网运行方式等。

1. 容量的选择

变压器的额定容量是指输入到变压器的视在功率值（包括变压器本身吸收的有功功率和无功功率）。其含义是，在规定的环境温度下，长时间地按额定容量连续运行，就能获得经济合理的效率和正常预期寿命（20 ~

30年)。

变压器的负荷变化范围很大，正常情况下变压器一般欠负荷运行，在少量时间段内允许超过额定容量运行，但必须严格遵守相关规定。过负荷运行时需注意变压器的温升，过高的温升会对变压器绝缘产生严重影响。一般规定变压器短时过负荷容量不超过额定容量的1.3倍。

主变额定容量的选择主要考虑以下因素：

（1）变压器额定容量应能满足供电区域内用电负荷的需要，避免变压器长期处于过负荷状态运行。主变压器容量一般按变电站建成后5 ~ 10年的规划负荷选择，并适当考虑到远期10 ~ 20年的负荷发展。对于城郊变电站，主变容量应与城市规划相结合，防止不必要的扩建和增容。

（2）对于有重要负荷的变电站，应考虑1台变压器在故障或停电检修状态下，其他变压器在计及过负荷能力后的允许时间内，应保证用户的一级和二级负荷；对一般负荷的变电站，任何1台变压器停运，其余变压器容量应能保证全部负荷的70% ~ 80%。在诸如北京、上海等对供电可靠性要求很高的地区，要求尽可能减少用户停电时间及范围，除考虑控制主变负载率外，还考虑通过网架结构转供负荷以提高供电可靠性。

2. 台数的选择

主变台数的选择主要考虑以下因素：

（1）对大城市中心城区等对供电可靠性要求较高的变电站，最好一次性投入2台变压器，变压器正常的负载率不宜大于50%。若主变负载率较高，在中、低压侧已构成环网的情况下负荷转供能力仍不能满足供电可靠性要求时，应考虑装设3台主变的可能性，装设3台主变时变压器正常的负载率不宜大于67%。

（2）对大城市郊区的变电站，在中、低压侧已构成环网的情况下，可根据网架结构及电网规划装设1 ~ 2台主变。

3.2.2 型式的选择

1. 绝缘方式的选择

变压器绝缘方式分为油浸式和干式两种。油浸式变压器广泛用于各类场所，其优点是造价相对低、容量大、具有一定过负荷能力，但需要充分考虑安装场所的消防及安全需求。干式变压器通常用于与大楼联合建造的户内变电站内等需要防火、防爆的场所。

2. 变压器相数的选择

主变采用三相或单相主要由变压器的制造条件、可靠性要求及运输条件等因素决定。1 台三相变压器与 3 台单相变压器组成的变压器组相比，其经济性更好，所以在可能的条件下，优先选用三相变压器。对于高电压等级、大容量变压器，若采用单相仍无法满足运输条件，可考虑采用分体结构变压器。

对于采用单相变压器组的变电站，应考虑一相变压器故障或停电检修时，对供电可靠性产生的影响，经技术经济论证后确定是否装设备用相。

3. 绕组数量和连接方式的选择

（1）在具有三个电压等级的变电站中，如通过主变各侧绕组的功率均达到该变压器容量的 15% 以上，或低压侧虽无负荷，但在变电站内需装设无功补偿设备时，主变宜采用三绕组变压器。

（2）对地处负荷中心，具有直接从高压降为低压供电条件的变电站，为简化电压等级或减少重复降压容量，可采用双绕组变压器。

（3）变压器三相绕组的联结组别必须和系统电压相位一致，否则不能并列运行。电力系统采用的绕组连接方式只有星（Y）形和三角（△）形两种。变压器绕组连接方式的选择，应根据该变压器是否与其他变压器并联运行、中性点是否引出和中性点的接地方式要求来确定。不同电压等级的变压器常用的联结组别可以参考 GB/T 6451—2015《油浸式电力变压器技术参数和要求》、GB/T 10228—2015《干式电力变压器技术参数和要求》等中的相关规定。

4. 阻抗和电压调整方式的选择

（1）阻抗的选择。变压器的阻抗实质就是绕组间的漏抗。阻抗的大小主要取决于变压器的结构和采用的材料。当变压器的电压比和结构、型式、材料确定后，其阻抗大小一般和变压器容量关系不大。

从电力系统稳定和供电电压质量考虑，希望主变的阻抗越小越好。但阻抗偏小又会使系统短路电流增加，主变各侧的电气设备选择遇到困难。另外，阻抗的大小还要考虑变压器并联运行的要求。主变阻抗的选择应结合系统短路水平、运行损耗和制造难度等因素综合考虑：

1）各侧阻抗值的选择必须从电力系统稳定、潮流方向、无功分配、继电保护、短路电流、系统内的调压手段和并联运行等方面进行综合考虑，并应以对工程起决定性作用的因素来确定；

2）选择变压器短路阻抗时，应根据变压器所在系统条件尽可能选用相关标准规定的标准阻抗值；

3）为限制过大的系统短路电流，应通过技术经济比较确定选用高阻抗变压器，按电压分挡设置，并应校核系统电压调整率和无功补偿容量；

4）对三绕组的电力变压器和自耦变压器，其最大阻抗是放在高、中压侧，还是高、低压侧，必须按上述第1）条原则来确定。

（2）主变电压调整方式的选择。变压器的电压调整是用分接开关切换变压器的分接头，从而改变变压器变比来实现的。切换方式有两种：

1）不带电切换，称为无励磁调压，挡位数较少（一般为5～7个），单挡调整范围通常在±5%以内；

2）带负荷切换，称为有载调压，挡位数较多（一般为17个），调整范围可达±30%。

调压方式选择的原则如下：

1）无励磁调压变压器一般用于电压及频率波动范围较小的场所；

2）有载调压变压器一般用于电压波动范围大，且电压变化频繁的场所。

因有载调压变压器需配置有载分接开关，造价较无励磁调压变压器高，所以在满足运行要求的前提下，优先采用无励磁调压变压器。

在对供电质量及供电可靠性要求高的地区，宜考虑采用有载调压变压器。

5. 冷却方式的选择

变压器一般采用的冷却方式有自然风冷却、强制风冷却、强迫油循环风冷却、强迫油循环水冷却、强迫油循环导向冷却。

小容量变压器一般采用自然风冷却；大容量变压器一般采用强迫油循环风冷却。

强迫油循环水冷却方式的优点是散热效率高，节约材料，减少变压器本体尺寸；缺点是需要有一套水冷却系统和相关附件，冷却器的密封性能要求高，维护工作量较大。

随着变压器制造技术的发展，在大容量变压器中，采用了强迫油循环导向冷却方式。用潜油泵将冷油压入线圈、线饼之间和铁芯的油道中，故此冷却效率更高。

当变压器采用强迫油循环冷却方式时，对冷却系统的供电应可靠。一般采用分别连接在不同母线上的两路独立电源供电，并能实现自投。对各个冷却器的工作、辅助或备用等运行状态，也能根据变压器的负荷、温度等情况，自动进行调整。当冷却器因故障全停时，须经一定延时，跳开各侧断路器，使变压器退出运行。

3.2.3 自耦变压器的选择

在超高压及特高压电网中，一般优先选用自耦变压器。自耦变压器是一种多绕组变压器，其结构特点是一次绕组与二次绕组在电路上相连，绕组间具有公共部分。

自耦变压器与同容量的普通变压器相比，具有很多优点：

（1）消耗材料少，造价低；

（2）有功和无功损耗小，效率高；

（3）由于高、中压绕组的自耦联系，阻抗小，对改善系统稳定性有一定作用；

（4）可扩大变压器极限制造容量，方便运输和安装。

自耦变压器的缺点有：

（1）由于一、二次之间有电的联系，致使较高的电压易于传递到低压电路，所以低压电路的绝缘必须按较高电压设计；

（2）由于一、二次之间有电的联系，每相绕组有一部分又是共有的，所以一、二次绕组之间的漏磁场较小，电抗较小，短路电流及其动、热效应就比普通双绕组变压器要大；

（3）一、二次侧的三相连接方式必须相同，即星形—星形或三角形—三角形；

（4）由于运行方式多样化，引起继电保护整定困难；

（5）在有分接头调压的情况下，很难取得绕组间的电磁平衡，有时造成轴向作用力的增加。

在使用自耦变压器时，需注意以下问题：

（1）效益问题。与普通变压器不同，自耦变压器额定容量由两部分组成，一部分是不经过电磁转换而直接传输的容量，另一部分是通过公共绕组的电磁感应传输容量。自耦变压器的尺寸和材料消耗量仅取决于通过电磁感应传输容量的大小，与另一部分容量无关。

自耦变压器一、二次侧的电压比越小，电磁感应传输容量占额定容量的比例就越低，采用自耦变压器的经济效益比较显著。实际应用的自耦变压器，其电压比基本在3:1范围内。

（2）运行方式及过电压问题。由于自耦变压器在一、二次侧之间具有电气连接，过电压可能从一个电压等级电网向另一个电压等级电网转移。为了防止自耦变压器绕组的绝缘受到过电压的危害，需在自耦变压器各侧出口端装设避雷器保护。此外，自耦变压器的中性点必须直接接地或者经小电抗接地，以免高压网络发生单相接地时，自耦变压器低压绕组出现过电压。

3.2.4　主变通用设备成果

国家电网有限公司（简称国网公司）为了提高电网建设能力，深化标准化建设，形成了如《国家电网有限公司输变电工程通用设计》《国家电网有限公司输变电工程通用设备》等一系列标准化建设成果。上海主变的选型需参照上述文件，优先考虑采用标准化的设计和产品。

根据《国家电网有限公司输变电工程通用设备（2018 年版）》，主变共有 40 种通用设备，涵盖了 35 ~ 750kV 电压等级，见表 3-3。主变通用设备编号说明如图 3-1 所示。

表 3–3　　主变通用设备一览表

序号	电压等级（kV）	设备编号	电压比（kV）	额定容量（MVA）	联结组标号	适用海拔（m）
1	750	7T-DS-2C/334	$\frac{765}{\sqrt{3}}\Big/\frac{230}{\sqrt{3}}$ ± 2 × 2.5%/63	334/334/100	Ia0i0（自耦变压器）	≤ 1000
2		7T-DS-2C/500		500/500/150		≤ 2500
3		7T-DS-3C/500		500/500/150		≤ 1000
4		7T-DS-3C/700		700/700/233		≤ 3000
5	500	5T-DS-2B/250	$\frac{525(505,515)}{\sqrt{3}}\Big/\frac{230}{\sqrt{3}}$ ± 2 × 2.5%/36	250/250/80	Ia0i0（自耦变压器）	≤ 4000
6		5T-DS-2B/334		334/334/100		≤ 4000
7		5T-DS-2C/250	$\frac{525(505,515)}{\sqrt{3}}\Big/\frac{230}{\sqrt{3}}$ ± 2 × 2.5%/66(69)	250/250/80		≤ 1000
8		5T-DS-2C/334		334/334/100		≤ 1000
9		5T-DS-2C/400		400/400/120		≤ 1000
10		5T-SS-2B/750	525(505,515)/230 ± 2 × 2.5%/36	750/750/240	YNa0d11	≤ 4000
11		5T-SS-2B/1000		1000/1000/334		≤ 4000
12	330	3T-SS-1B/240	345 ± 8 × 1.25%/121/35	240/240/72	YNa0d11	≤ 3500
13		3T-SS-1B/360		360/360/110		≤ 1000 1000 ~ 3500

续表

序号	电压等级（kV）	设备编号	电压比（kV）	额定容量（MVA）	联结组标号	适用海拔（m）
14	220	2T-S-C/120	230(220) ±8×1.25%/69/(66)	120/120	YNd11	≤1000
15		2T-S-C/180		180/180	YNd11	
16		2T-S-C/240		240/240	YNd11	
17		2T-SS-1B/120	230(220) ±8×1.25%/121(115)/38.5(37)	120/120/60	YNyn0d11 YNa0d11 YNyn0yn0d11	≤5000
18		2T-SS-1B/180		180/180/90		
19		2T-SS-1B/240		240/240/120		
20		2T-SS-1A/120	230(220) ±8×1.25%/121(115)/10.5	120/120/60	YNyn0d11 YNa0d11	≤1000 ≤5000
21		2T-SS-1A/180		180/180/90		
22		2T-SS-1A/240		240/240/120		
23		2T-SS-CA/120	230(220) ±8×1.25%/69(66)/10.5	120/120/60	YNyn0d11	≤1000
24		2T-SS-CA/180		180/180/90		
25		2T-SS-CA/240		240/240/120		
26	110	1T-S-A/31.5	110±8×1.25%/10.5	31.5/31.5	YNd11	≤5000
27		1T-S-A/50		50/50	YNd11 YNynd1	
28		1T-S-A/63		63/63	YNd11	
29		1T-S-A/80		80/80	YNd11	
30		1T-SS-BA/31.5	110±8×1.25%/38.5±2×2.5%/10.5	31.5/31.5	YNyn0d11	
31		1T-SS-BA/50		50/50		
32		1T-SS-BA/63		63/63		
33	66	CT-S-A/10	66±8×1.25%/10.5	10/10	YNd11 Yd11	≤1000
34		CT-S-A/20		20/20		
35		CT-S-A/31.5		31.5/31.5		
36		CT-S-A/50		50/50		
37	35	BT-S-A/6.3	35±3×1.25%/10.5	6.3/6.3	Yd11	≤5000
38		BT-S-A/10		10/10	YNd11	
39		BT-S-A/20		20/20	YNd11 Dyn11	
40		BT-S-A/31.5		31.5/31.5	YNd11 Dyn11	

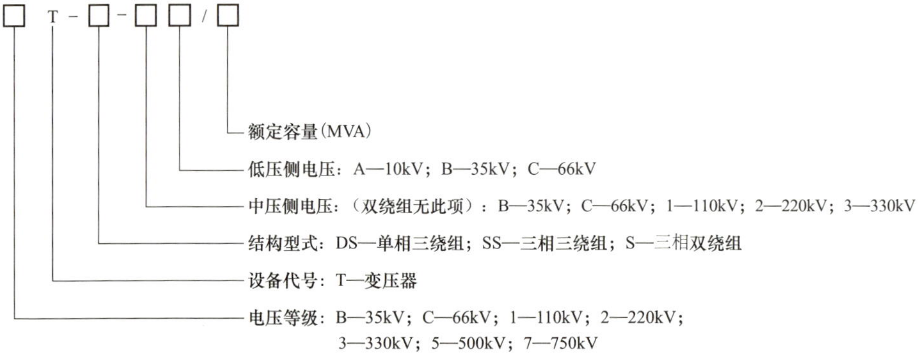

图 3-1　主变通用设备编号说明

3.2.5　上海典型主变选型举例

上海电网是典型的城市受电网，主变以降压型变压器为主。主变的电压比选择是由地区的电压等级序列决定的，上海不同电压等级下典型的主变如下。

1. 500kV 及以上变电站

上海某 1000kV 变电站是皖电东送工程的入沪唯一终端变电站，也是上海目前唯一一座特高压交流变电站，主要从淮南丰富的煤电基地获取电能。

根据皖电东送工程规划，该站主变容量选用 3000MVA/ 组，共 2 组，并考虑远景扩建第 4 组主变的可能性。主变电压变比选择为 1050/515/110kV，110kV 侧主要接入无功补偿设备。

考虑到特高压主变绝缘性能、制造方式等约束条件，主变采用单相、自耦式油浸变压器。由于该变电站容量较大，承担了地区较高的用电负载，考虑到 1000kV 主变检修耗时较长，为减少对供电可靠性的影响，每组主变除了 3 台单相变压器外，额外配置 1 台备用相变压器。

考虑特高压电压变化频率较低，并从有载调压开关制造费用、难度等方面综合考虑，选用无励磁调压方式。主变布置于户外，冷却方式考虑采用强迫油循环导向风冷。

上海 1000kV 变电站主变参数见表 3-4。

表 3-4　上海 1000kV 变电站主变参数

参数类别	参数值
容量（MVA）	3×1000
台数（组）	2 组，每组 4 台（含 1 台备用相）
绝缘方式	油浸式
相数	单相
绕组数量及连接方式	自耦变压器
电压调整方式	无励磁调压
冷却方式	强迫油循环导向风冷

500kV 变电站一般占地面积较大，高压进出线一般采用架空出线的形式，因此上海 500kV 变电站一般位于市郊区，为所在地区的 220kV 变电站提供电源。考虑到市中心负荷的发展需要，少数 500kV 变电站深入负荷中心，以地下变电站的形式为城市提供电能。综合考虑主变制造难度、运输条件和经济性的要求，根据《国家电网有限公司输变电工程通用设备（2018 年版）》，上海 500kV 变电站常用主变的通用设备编号为 5T-DS-2B/250、5T-DS-2B/334，即采用单相自耦变压器，一组变电器的容量为 750、1000MVA。靠近负荷中心的 500kV 地下变电站，考虑到主变容量扩建工程实施难度高，对周边地区影响大，单组变压器容量经过经济技术对比分析会选用 1200、1500MVA。

考虑超高压电压变化频率较低，综合有载调压开关制造费用、难度等方面因素，主变一般选用无励磁调压方式。

主变布置于户外时，冷却方式考虑强迫油循环导向风冷或自然油循环风冷；主变布置于地下户内时，冷却方式采用强迫油循环导向水冷，即冷却塔布置于地表，通过冷却水为地下变压器进行散热。

上海 500kV 变电站常用主变参数见表 3-5。

表 3-5　　上海 500kV 变电站常用主变参数

参数类别	参数值
容量（MVA）	750/1000/1200/1500
台数（组）	2 ~ 4 组，每组 3 台
绝缘方式	油浸式
相数	单相
绕组数量及连接方式	自耦变压器
电压调整方式	无励磁调压
冷却方式	自然油循环风冷 / 强迫油循环导向风冷 / 强迫油循环导向水冷

2. 220kV 变电站

220kV 变电站一般为中心站、中间变电站或终端站。220kV 新建变电站一般按国网公司通用设计、通用设备的要求，采用 3 台 240MVA 的主变（负荷密度未达到远景规划密度时，一般先配置 2 台变压器，待远期负荷密度上升时再扩建第 3 台变压器），考虑远期负荷的增长需要，变电站土建规模一般按 3 台 300MVA 的主变进行建设。主变电压变比选择为 220/121/38.5kV，中、低压侧为周边区域 110kV、35kV 变电站或用户提供电源。上海早期负荷密度不高时，110kV 变电站及 110kV 电力用户（主要为地铁动力站）数量也没有发展到现在的数量等级，所以部分早期建设的 220kV 变电站没有 110kV 电压等级，为 220/35kV 双绕组变压器，容量一般为 150MVA。

220kV 三绕组变压器国内已具备成熟的制造条件，且国内主要道路也满足设备的运输要求，所以 220kV 变压器一般采用三相变压器，绝缘方式采用油浸式。

考虑到上海电缆化水平高，低压侧富裕的无功一般会造成负荷低谷时的电压升高，从电网运行的角度考虑220kV主变一般选用有载调压的形式，也有部分早期建设的220kV变电站采用无励磁调压的形式。

主变布置于户外时，冷却方式一般考虑自然油循环风冷；主变布置于地下户内时，冷却方式采用强迫油循环导向水冷。

上海220kV变电站常用主变参数见表3-6。

表3-6　上海220kV变电站常用主变参数

参数类别	参数值
容量（MVA）	150/180/240/300
台数（组）	3
绝缘方式	油浸式
相数	三相
绕组数量及连接方式	三绕组变压器；高中压星形，低压三角形
电压调整方式	高压侧有载调压或无励磁调压
冷却方式	自然油循环风冷/强迫油循环导向水冷

3. 110kV变电站

上海110kV变电站一般按“手拉手”的方式，由几座110kV变电站组成串，从两端的220kV变电站获取电能。根据国网公司通用设计、通用设备的要求，上海新建110kV变电站一般采用3台50MVA的主变（负荷密度未达到远景规划密度时，一般先配置2台变压器，待远期负荷密度上升时再扩建第3台变压器），考虑远期负荷的增长需要，变电站土建规模一般按3台80MVA的主变进行建设。主变电压变比选择为110/10.5kV，低压侧主要为周边区域的开关站、配电站或用户提供电能。部分早期建设的110kV变电站，由于变电站建设时负荷密度未达到现在水平，主变容量有31.5、40MVA等规格，且有部分主变采用110/35/10kV的电压变比。由于35kV变电站仍需将电压降压为10kV供给用户，重复降压造成更多的电能损耗，随着地区负荷密度的不断提升，220kV变电站逐步布点建设，上海已不再建设110/35/10kV三绕组变压器。

110kV 主变国内厂家制造经验比较丰富，设备运输条件也易于实现，故 110kV 变压器一般采用三相油浸式变压器。考虑到电网运行的稳定及电压质量要求，110kV 主变一般选用有载调压的形式。110kV 主变一般布置于户外，具备自然通风条件，冷却方式一般考虑自然油循环风冷。

上海 110kV 变电站常用主变参数见表 3-7。

表 3–7　　上海 110kV 变电站常用主变参数

参数类别	参数值
容量（MVA）	31.5/40/50/63/80
台数（组）	3
绝缘方式	油浸式
相数	三相
绕组数量及连接方式	双 / 三绕组变压器；高低压星形，中压三角形
电压调整方式	高压侧有载调压
冷却方式	自然油循环风冷

4. 35kV 变电站

35kV 变电站一般从 220kV 变电站低压侧获取电能，主变容量根据国网公司通用设计、通用设备的要求一般选用 20、31.5MVA。主变电压变比为 35/10.5kV，低压侧向周边 10kV 开关站、配电站或用户提供电能。根据 35kV 变电站典型接线形式，近期规模采用 2 台主变，远景考虑第三台主变的可能。当远景建设三台主变时从 *N*–1 准则的角度考虑每台主变负载率可以达到 67%，提高了地区供电能力。

与 110、220kV 主变类似，35kV 主变一般选用三相油浸式变压器，有载调压，冷却方式一般采用自然油循环风冷。

上海 35kV 变电站常用主变参数见表 3-8。

表 3-8　上海 35kV 变电站常用主变参数

参数类别	参数值
容量（MVA）	20/31.5
台数（组）	2/3
绝缘方式	油浸式
相数	三相
绕组数量及连接方式	双绕组变压器；高压三角形，低压星形
电压调整方式	高压侧有载调压
冷却方式	自然油循环风冷

5. 10kV 配电站

根据上海公司相关文件，10kV 配电站中 KT 型站、PT 型站配置配电变压器。其中 KT 型站一般配置 2 台配电变压器，若低压侧负荷不能通过网架转移，则配电变压器负载率应控制在 50% 以下。配电变压器容量根据配电站所供台区的负荷情况确定。

由于配电变压器一般布置于户内，考虑制造条件、运行维护便利性，10kV 配电变压器一般采用三相双绕组干式无励磁调压变压器，自然风冷却。

上海 10kV 配电站除 K 型、P 型站外，还包括户外预装式变电站，又称箱式变电站。预装式变电站除包含变压器外，还包括开关设备与控制辅助设备。

3.3 开关电器选型

开关电器除根据主设备选型的一般原则及技术条件进行选择外，一般还需要针对不同开关电器的特点，根据变电站建设实际条件来进行具体选择。

3.3.1 断路器选型

高压断路器主要功能是：正常运行时切换运行方式，将设备或线路接入电路或退出运行，起控制作用；当设备或线路发生故障时，能快速切除故障回路，保证无故障部分正常运行，起保护作用。

1. 断路器种类和型式的选择

断路器按使用环境分类，可分为户内型断路器和户外型断路器；按灭弧室壳体的绝缘方式分类，可分为带电箱壳型断路器（如瓷绝缘子支柱式）和接地箱壳型断路器（如罐式）；按灭弧室介质分类，可分为 SF_6 断路器、真空断路器，以及油断路器、压缩空气断路器、固体产气式断路器、磁吹断路器等。

选择断路器型式时，应依据各类断路器的特点及使用环境、条件决定。特别是当前社会经济对电力需求具有高度依赖性，近年来由自然灾害引发的电力灾害已受到社会的高度重视，在选择高压断路器的型式时，要十分重视不同的气候、温度、湿度及地质条件等安装运行环境下的要求。一般而言，在高地震烈度地区、极寒地区宜优先选用罐式断路器。

空气断路器是采用压缩空气灭弧，具有大容量下开断能力强及开断时间短的特点。但其结构复杂，尚需配置压缩空气装置，价格昂贵，现已趋于淘汰。

油断路器采用变压器油作为灭弧介质。其按绝缘结构可分为多油和少油断路器两大类。油断路器主要通过电弧在油中燃烧时对油的分解、蒸发形成的气流和液流灭弧，其开断性能与被开断电流的大小有关。在其额定开断电流以内，被开断的电流越大，电弧能量越大，灭弧能力越强，燃弧时间也越短；而被开断的电流较小时，灭弧能力较差，燃弧时间反而较长，存在临界开断电流（对应最大燃弧时间的开断电流）现象。多油式断路器因油量过大，存在爆炸火灾隐患，目前已淘汰使用。少油断路器在 20 世纪投运的 220kV 及以下电压等级的配电装置中仍有很少量的保留运用。

真空断路器是利用真空的高介质强度来灭弧的断路器。它具有触头开距短、熄弧快、体积小、质量轻、无爆炸危险、无污染等优点。真空断路器用于 35kV 以上电压等级回路切断时，易产生重燃，故一般应用于 35kV 及以下电压等级。

SF_6 断路器具有断口电压高、开断能力强，可频繁操作和连续开断故障电流，以及开断容性电流不重燃等优点，一般在 66kV 及以上电压等级广泛应用。

切合并联补偿电容器组的断路器，因存在操作过电压，在 35kV 及以上电压等级一般选用 SF_6 断路器。

2. 额定电压和电流选择

高压断路器的额定电压和电流选择需满足以下条件：

$$U_N \geqslant U_{SN}，I_N \geqslant I_w \tag{3-8}$$

式中：U_N 为断路器的额定电压；I_N 为断路器的额定电流；U_{SN} 为电网的额定电压；I_w 为回路的最大持续工作电流。

3. 开断电流选择

高压断路器的额定开断电流 I_{Nbr} 是指在额定电压下能保证正常开断的最大短路电流，是表征高压断路器开断能力的重要参数。高压断路器在低于额定电压下，开断电流可以提高，但由于灭弧装置机械强度的限制，故开断电流仍有一极限值，该极限值称为极限开断电流，即高压断路器开断电流不能超过极限开断电流。

额定开断电流应包括短路电流周期分量和非周期分量，高压断路器的 I_{Nbr} 是以周期分量有效值表示，并计入了 20% 的非周期分量。

一般中小型发电厂和变电站采用中、慢速断路器，开断时间较长（$\geqslant 0.1s$），短路电流非周期分量衰减较多，可不计非周期分量影响，采用起始次暂态电流 I'' 校验，即

$$I_{Nbr} \geqslant I'' \tag{3-9}$$

在中大型发电厂（125MW 及以上机组）和枢纽变电站使用快速保护和高

速断路器，其开断时间小于 0.1s，当在电源附近短路时，短路电流的非周期分量可能超过周期分量的 20%，需要用短路开断计算时间 t'_k 对应的短路全电流 I'_k 进行校验，即

$$\left.\begin{aligned} &I_{Nbr} \geqslant I'_k \\ &I'_k = \sqrt{I_{pt}^2 + \left(\sqrt{2}I''e^{-\frac{\omega t'_k}{T_a}}\right)^2} \\ &t'_k = t_{pr1} + t_{in} \end{aligned}\right\} \tag{3-10}$$

式中：I_{pt} 为开断瞬间短路电流周期分量有效值，当开断时间小于 0.1s 时，$I_{pt} \approx I''$；T_a 为非周期分量衰减时间常数，$T_a = x_\Sigma / r_\Sigma$（单位：rad），其中 x_Σ、r_Σ 分别为电源至短路点的等效总电抗和总电阻；t'_k 为短路开断计算时间，其为 t_{pr1} 主保护装置动作时间与 t_{in} 断路器固有分闸时间之和。

当非周期分量所占实际比值大于 20% 时，超过了断路器型式试验的条件，因此还应向制造部门要求补充试验数据。

4. 短路关合电流的选择

在断路器合闸之前，若线路上已存在短路故障，则在断路器合闸过程中，动、静触头间在未接触时即有巨大的短路电流通过，容易发生触头熔焊和遭受电动力的损坏；且断路器在关合短路电流时，不可避免地在接通后又自动跳闸，此时还要求能够切断短路电流，因此，额定关合电流是断路器的重要参数之一。为了保证断路器在关合短路时的安全，断路器的额定短路关合电流 i_{Ncl} 不应小于短路电流最大冲击值 i_{sh}，即

$$i_{Ncl} \geqslant i_{sh} \tag{3-11}$$

5. 短路热稳定和动稳定校验

断路器短路热稳定和动稳定的校验参照 3.1.2 小节中的式（3-3）与式（3-7）进行。

3.3.2 隔离开关选型

隔离开关是变电站中常用的开关电气设备，一般配有电动及手动操动机

构，单相或三相操作，需与断路器配套使用。由于隔离开关无灭弧装置，故不能用来接通和切断负荷电流和短路电流。

隔离开关的工作特点是在有电压、无负荷电流情况下分、合线路。其主要功能有：

（1）隔离电压。在检修电气设备时，用隔离开关将被检修的设备与电源电压隔离，以确保检修的安全进行。

（2）倒闸操作。投入备用母线或旁路母线以及改变运行方式时，常用隔离开关配合断路器，协同操作完成。

（3）分、合小电流。因隔离开关具有一定的分、合小电感电流和电容电流的能力，故一般可用来进行以下操作：分、合避雷器、电压互感器和空载母线；分、合励磁电流不超过 2A 的空载变压器；关合电容电流不超过 5A 的空载线路。

隔离开关的额定电压、电流的选择方法及短路动、热稳定校验的方法与断路器相同；但由于隔离开关不具有开合电流的能力，故无须进行开断电流和短路关合电流的校验。

隔离开关的型式较多，按使用环境分，可分为户内型和户外型隔离开关；按组合接地开关状况分，可分为不接地、单接地和双接地隔离开关；按操作方式分类，可分为电动操作和手动操作隔离开关；按支柱绝缘子柱数分类，可分为单柱式、双柱式、三柱式和五柱式隔离开关。隔离开关的型式应根据配电装置的布置特点和使用要求等因素，进行综合技术经济比较后确定。

3.3.3 负荷开关和熔断器选型

1. 负荷开关的选型

负荷开关是一种功能介于断路器和隔离开关之间的电气设备。负荷开关具有简单的灭弧装置，能通断一定的负荷电流和过负荷电流，但不能断开短路电流，所以一般与熔断器联合使用，可替代断路器作短路保护。

负荷开关的型式按使用环境，可分为户内型和户外型负荷开关；按灭弧介质，可分为空气式、SF_6式、真空式负荷开关；按操作方式，可分为三级联动操作式、逐级操作式负荷开关；按操动机构，可分为动力型、人力储能型负荷开关。

负荷开关与断路器相比，额定电压、电流的选择校验的项目相同。由于负荷开关不能用来接通和切除短路电流，所以需要对其开断电流及关合电流的大小进行选择。

（1）开断电流的选择。

$$\left.\begin{aligned} I_{Nbr1} &= I_N \\ I_{Nbr2} &= I_N \\ I_{Nbr3} &= I_N \times 1\% \end{aligned}\right\} \tag{3-12}$$

式中：I_{Nbr1}为额定有功负荷开断电流，即负荷开关在额定电压下能够开断的最大有功负荷电流；I_{Nbr2}为额定闭环开断电流，即负荷开关能够开断的最大闭环电流；I_{Nbr3}为额定空载变压器开断电流，即负荷开关在其额定电压下能够开断的最大空载变压器开断电流；I_N为负荷开关的额定电流。

负荷开关开断电缆和线路充电电流时，电缆和线路对地电容会导致线路产生操作过电压，由于电缆容性电流比架空线大得多，切断相同充电电流时架空线操作过电压更高，根据 GB/T 3804—2017《3.6kV ~ 40.5kV 高压交流负荷开关》规定，通用负荷开关的额定电缆和线路充电开断电流见表 3-9。

表 3–9　通用负荷开关的额定电缆和线路充电开断电流

额定电压（kV）	额定电缆充电电流（A）	额定线路充电电流（A）
3.6	4	0.3
7.2	6	0.5
12	10	1
24	16	1.5
40.5	21	2.1

（2）短路关合电流的选择。负荷开关的额定短路关合电流 i_{Ncl} 等于额定峰值耐受电流 i_p，即

$$i_{Ncl} = i_p \quad (3\text{-}13)$$

式中：i_p 为额定峰值耐受电流，即在规定的使用和性能条件下，负荷开关在合闸位置能够承载的额定短时耐受电流第一个大半波的电流峰值，一般取 2.5 或 2.7 倍的额定短时耐受电流。

负荷开关在其额定电压下应具有成功关合两次或多次额定短路关合电流的能力。

2. 熔断器的选型

熔断器是电力系统中过载和短路故障的保护设备。当电流超过给定值一定时间后，通过熔化一个或几个特殊设计的组件，以断开其所接入的回路。

熔断器的熔断件串联在电路中，在正常工作状态下，流经熔断器的工作电流不应使熔断器动作。当流过过负荷电流一定时间后，熔断器应动作，其过程为：①熔断件由正常工作温度发热至熔点；②熔断件在液态下继续加热至沸点；③熔断件气化，产生间隙，间隙被电压击穿产生电弧；④在一定的灭弧方式下使电弧熄灭。

熔断器参数的选择主要包含额定电压、额定电流、开断电流的选择。

（1）额定电压的选择。对于一般的高压熔断器，其额定电压 U_N 必须大于或等于电网的额定电压 U_{SN}。对于有限流作用的熔断器，则不宜使用在低于熔断器额定电压的电网中。这是因为限流式熔断器灭弧能力很强，熔体熔断时因截流而产生过电压，一般在 $U_{SN} = U_N$ 的电网中，过电压倍数为 2 ~ 2.5 倍，不会超过电网中电气设备的绝缘水平；但如在 $U_{SN} < U_N$ 的电网中，因熔断件较长，过电压值可达 3.5 ~ 4 倍相电压，可能损害电网中的电气设备。

（2）额定电流的选择。

1）熔管额定电流的选择。为了保证熔管不致损坏，高压熔断器的熔管额定电流应大于或等于熔断件的额定电流。

2）变压器回路用熔断件额定电流的选择。变压器从空载到投入运行时，会产生很大的电流即变压器涌流，可高达额定电流的 6 ~ 8 倍。所以用于变压器回路的高压交流熔断器的熔断件的弧前时间—电流特性应满足：在瞬时（一般取 0.1s 以下范围）内有较高的动作电流，以耐受变压器涌流，并在变压器二次侧装设保护装置的情况下进行良好配合；在短时（一般取 10s 以下范围）内有较低的动作电流，以保证绕组、二次侧等故障的快速消除，并提供与电源侧过电流保护装置的良好配合。

高压交流熔断器的熔断件与保护装置的保护特性配合如图 3-2 所示。

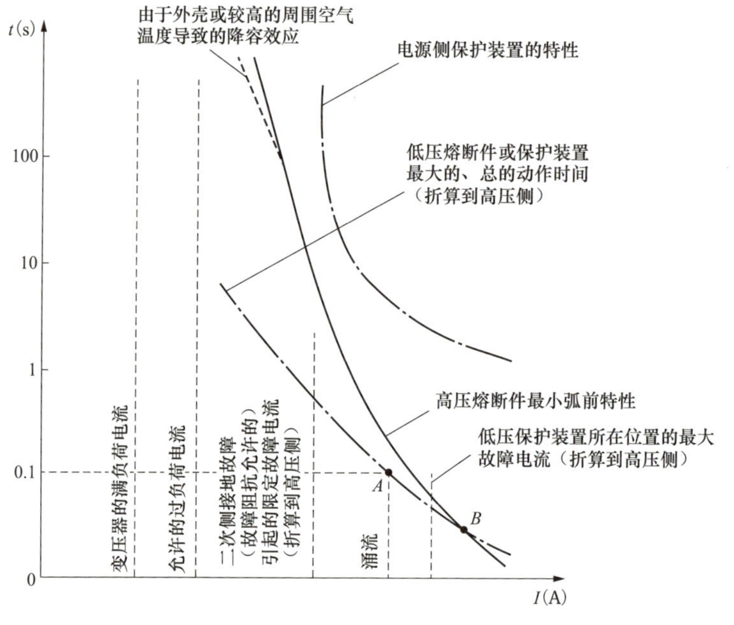

图 3-2　高压交流熔断器的熔断件与保护装置的保护特性配合

根据 GB/T 15166.6—2008《高压交流熔断器　第 6 部分：用于变压器回路的高压熔断器的熔断件选用导则》，变压器回路中的高压熔断件的时间—电流特性的极值为

$$\frac{I_{f10}}{I_N} \leqslant 6 \tag{3-14}$$

$$\frac{I_{f0.1}}{I_N} \geqslant 7\left(\frac{I_N}{100}\right)^{0.25} \tag{3-15}$$

式中：I_N 为熔断件的额定电流；I_{f10} 为熔断件弧前时间为 10s 时的预期电流（平均）值；$I_{f0.1}$ 为熔断件弧前时间为 0.1s 时的预期电流（平均）值。

式（3-14）和式（3-15）中的预期电流值可以是平均值，也可以是最小值。如果采用平均电流值其容差应不超过 ±20%；采用最小电流值其容差应不超过 ±50%。

3）电容器回路用熔断件额定电流的选择。当系统电压升高或波形畸变引起回路电流涌流时，保护电力电容器的高压熔断器的熔体不应熔断。熔断件的额定电流一般为被保护的电容器额定电流的 1.43 倍，这是因为电容器应能在 1.3 倍额定电压下连续运行，并考虑到电容器电容允许达到 1.1 倍额定电容。

4）电压互感器回路用熔断件额定电流的选择。用于电压互感器回路的高压交流熔断器，只需按额定电压和开断电流选择，熔断件的选择只限能承受电压互感器的励磁冲击电流，不必校验额定电流。

（3）熔断器选型的校验。

1）开断电流校验。高压熔断器的额定开断电流应大于回路中可能出现的最大预期短路电流周期分量有效值。某些系列产品（如屋外跌落式高压熔断器），需分别对开断电流的上、下限进行校验，以确保最小运行方式下的三相短路的有效开断。

2）选择性校验。为了保证前后两级熔断器之间或熔断器与电源（或负荷）保护装置之间动作的选择性，应进行熔体选择性校验。各种型号熔断器的熔体熔断时间可在制造厂提供的安秒特性曲线上查出。保护电压互感器用的高压熔断器只需按额定电压及断流容量两项来选择。当短路容量较大时，可考虑在熔断器前串联限流电阻。

3.3.4 开关电器通用设备成果

上海开关电器的选型须参照《国家电网有限公司输变电工程通用设计（2020 年版）》《国家电网有限公司输变电工程通用设备（2018 年版）》等文件，优先考虑采用标准化的设计和产品。

根据《国家电网有限公司输变电工程通用设备（2018 年版）》，断路器共有 16 种通用设备，涵盖了 35 ~ 750kV 电压等级，见表 3-10。断路器通用设备编号说明如图 3-3 所示。

表 3–10　　断路器通用设备一览表

序号	电压等级（kV）		设备编号	额定短路开断电流（kA）	额定电流（A）	适用海拔（m）
1	支柱式断路器	500	5QF-A-4000/63	63	4000	≤ 1000
2		330	3QF-A-4000/50	50	4000	≤ 1000
3		220	2QF-A-4000/50	50	4000	≤ 1000
4			2QF-A-5000/63	63	5000	
5		110	1QF-A-3150/40	40	3150	≤ 1000
6		66	CQF-A-3150/31.5	31.5	3150	≤ 1000
7			CQF-A-4000/40	40	4000	
8			CQF-A-4000/50	50	4000	
9		35	BQF-A-1250/25	25	1250	≤ 1000
10	罐式断路器	750	7QF-T-5000/63	63	5000	≤ 2500
11		500	5QF-T-4000/63	63	4000	≤ 1000
12		330	3QF-T-4000/50	50	4000	≤ 2500
13			3QF-T-5000/63	63	5000	≤ 1000
14		220	2QF-T-4000/50	50	4000	≤ 1000
15		110	1QF-T-3150/40	40	3150	≤ 1000
16		66	CQF-T-3150/31.5	31.5	3150	≤ 1000

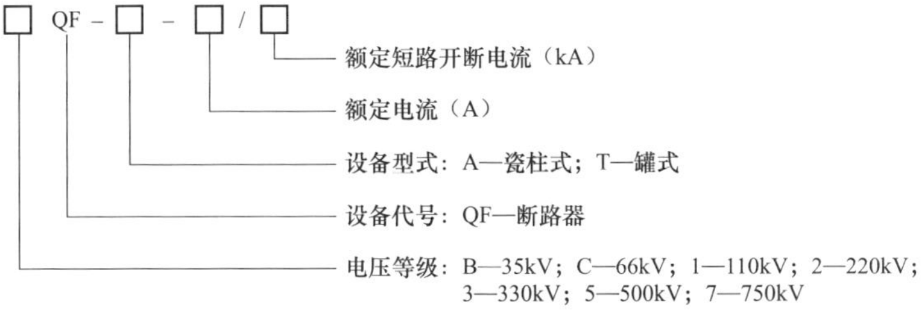

图 3–3 断路器通用设备编号说明

根据《国家电网有限公司输变电工程通用设备（2018 年版）》，隔离开关共有 22 种通用设备，涵盖了 35 ~ 750kV 电压等级，见表 3-11。隔离开关通用设备编号说明如图 3-4 所示。

表 3–11 隔离开关通用设备一览表

序号	电压等级（kV）	设备编号	额定短时耐受电流（kA）	额定电流（A）	结构形式	适用海拔（m）
1	750	7QS-3D-5000/63	63	5000	三柱水平旋转	≤ 2500
2		5QS-1A-4000/63			单柱垂直伸缩	
3	500	5QS-2B-4000/63	63	4000	双柱水平伸缩	≤ 1000
4		5QS-3Z-4000/63			三柱组合	
5		3QS-1A-4000/50			单柱垂直伸缩	≤ 1000
6		3QS-3D-4000/50	50	4000	三柱水平旋转	≤ 2500
7		3QS-5Z-4000/50			五柱组合	
8	330	3QS-1A-5000/63			单柱垂直伸缩	
9		3QS-3D-5000/63	63	5000	三柱水平旋转	≤ 1000
10		3QS-5Z-5000/63			五柱组合	
11		2QS-1A-4000/50			单柱垂直伸缩	
12	220	2QS-2B-4000/50	50	4000	双柱水平伸缩	≤ 2500
13		2QS-3D-4000/50			三柱水平旋转	
14		2QS-3D-5000/63	63	5000		

续表

序号	电压等级（kV）	设备编号	额定短时耐受电流（kA）	额定电流（A）	结构形式	适用海拔（m）
15	110	1QS-1A-3150/40	40	3150	单柱垂直伸缩	≤ 2500
16		1QS-2D-3150/40			双柱水平（V 形）旋转	≤ 5000
17	66	CQS-2D-3150/31.5	31.5	3150	双柱水平（V 形）旋转	≤ 1000
18		CQS-2D-3150/40	40	3150		
19		CQS-2D-4000/50	50	4000		≤ 3000
20	35	BQS-2D-4000/40	40	4000	双柱水平（V 形）旋转	≤ 5000
21		BQS-2D-2500/40	40	2500		
22		BQS-2D-1250/25	25	1250		

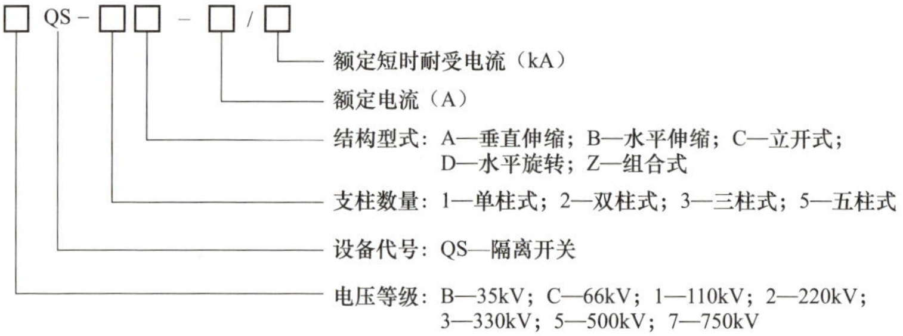

图 3-4　隔离开关通用设备编号说明

3.3.5　上海典型开关电器举例

上海由于地处华东电网末端、内部电源点多、高压网架采用环网结构等特点，短路电流水平比较高。为了控制短路电流，防止因短路电流增大而开关电器的开断能力不足导致电网事故的发生，一方面上海电网采取了开环运行、采用高阻抗主变等措施，另一方面上海对开关电器的开断能力给出了控制条件，见表 3-12。

表 3-12　　上海电网三相短路电流控制水平

电压等级（kV）	三相短路电流控制水平（kA）
1000	63
500	63
220	50
110	25
35	25
10	20

上海不同电压等级变电站典型的开关电器选型如下。

1. 500kV 及以上变电站

上海某 1000kV 变电站开关电器布置于 GIS 内，开关电器的主要参数为：断路器额定电流 6300A，额定短路开断电流 63kA；隔离开关额定电流 6300A。这里需要说明的是，在较高的电压等级时，由于主变容量限制，主变回路开关电器正常工作时的电流一般会明显小于开关电器的额定电流。由于开关电器制造成本主要受绝缘水平、短路电流开断能力控制，额定电流的提升对开关电器的制造成本影响很小，考虑到负荷远景发展以及从通用性的角度出发，一般会选用同进出线回路、分段回路同样参数的开关电器。在低压开关电器（如 0.4kV）选用时，因低压一般不单独配置继电保护装置，低压开关电器会兼做线路保护设备，此时开关电器的额定电流需根据线路正常工作电流来选择。若额定电流选择远超过线路正常工作电流，则会导致在有过电流经过时开关电器（主要指断路器及熔断器）不能动作，造成线路或设备损坏。

上海 500kV 变电站一般采用户外布置方案，考虑到熄弧能力一般采用 SF_6 支柱式断路器。部分站区由于面积限制和从运行可靠性角度，会采用 GIS 或 HGIS 的形式，断路器为罐式结构。从运行和检修方便的角度考虑，隔离开关一般选用电动操动机构（为保障可靠性，部分操动机构要求可手动控制），双侧装设接地开关便于人员检修设备。隔离开关支柱绝缘子柱数的选择一般根据变电站现场情况而定。

根据上海短路电流控制水平和国网公司通用设备的规定，一般 500kV 变电站典型开关电器参数见表 3-13。

表 3–13　500kV 变电站典型开关电器参数

开关电器类型	额定电流（A）	采用通用设备编号
断路器	4000 5000	5QF-A-4000/63 2QF-A-4000/50
隔离开关	4000 5000	5QS-1A-4000/63 5QS-2B-4000/63 2QS-1A-4000/50 2QS-3D-4000/50

2. 220kV 变电站

上海新建 220kV 变电站一般采用全户内形式，开关电器一般选用成套配电装置。在部分早期建设的 220kV 户外变电站中，仍有配电装置采用户外型断路器、隔离开关设备。开关电器选型主要根据上海电网短路电流控制条件和线路通流容量确定。

例如某 220kV 变电站，220kV 为双母线双分段接线形式，220kV 进出线断路器选用户外 SF_6 断路器，额定电流为 4000A，短路开断电流为 50kA；220kV 隔离开关选用额定电流为 4000A 的设备。考虑到检修便利性和运行的需要，隔离开关采用电动并可手动的操动机构，双侧接地形式。其开关电器的具体选型一般根据场地条件及前期工程建设习惯，选择相应的通用设备型式。

3. 110kV 变电站

上海新建 110kV 变电站一般采用全户内形式，开关电器一般选用成套配电装置。上海部分早期建设的 110kV 变电站会选用常规断路器、隔离开关设备，一般户外布置或布置于单独的配电装置楼内。其开关电器选型主要根据上海电网短路电流控制条件和线路通流容量确定。

例如某 110kV 变电站，建设于 20 世纪 90 年代，110kV 未采用成套配电装置，而是选用了独立的断路器、隔离开关。110kV采用内桥接线，主变容量80MVA。主变满载时的电流约为420A，考虑另一台主变检修时的转移负荷，主变进线回路最大工作电流按1.3倍额定电流考虑约为546A。工程实际选用设备参数如下：110kV进线隔离开关额定电流为600A，热稳定电流为25kA/3s；110kV进线断路器额定电流为600A，额定短路开断电流为25kA。

4. 35kV变电站

上海35kV变电站一般采用户内布置方案，部分早期建设的35kV变电站35kV进线断路器和隔离开关会采用常规的断路器和隔离开关设备，其选型一般主要根据上海电网短路电流控制条件和线路通流容量确定。考虑到运行维护的便利性，现有的35kV变电站内常规隔离开关及断路器一般通过技术改造项目逐步替换为成套配电装置。

5. 10kV配电站

上海10kV配电站配电装置一般采用成套配电装置型式，不采用单独的开关电器。

3.4 成套配电装置

配电装置是根据电气主接线的连接方式，由开关电器、保护和测量电器、母线和必要的辅助设备组建而成的总体装置。其作用是在正常运行情况下接受和分配电能，而在系统发生故障时迅速切断故障部分，维持系统正常运行。

配电装置按电器装设地点不同，可分为屋内配电装置和屋外配电装置；按其组装方式，又可分为装配式和成套式。在现场将电器组装而成的称为装配式配电装置；在制造厂按要求预先将开关电器、互感器等组成各种电路成套后运至现场安装使用的称为成套配电装置。

从运行可靠性、建设便利性及占地面积的角度考虑，上海新建变电站配电装置一般采用成套配电装置。

成套配电装置的优点有：①结构紧凑，占地面积小；②减少现场安装工作量，有利于缩短建设周期，也便于扩建和搬迁；③运行可靠性高，维护方便。其缺点是：由于耗用钢材较多，导致造价较高。

3.4.1 成套配电装置的类型

成套配电装置分为低压配电屏（或开关柜）、高压开关柜和 SF_6 全封闭组合电器三类。按安装地点不同，又分为屋内型和屋外型。低压配电屏只做成屋内型；高压开关柜有屋内和屋外两种，由于屋外有防水、锈蚀问题，故目前大量使用的是屋内型；SF_6 全封闭组合电器也因屋外气候条件较差，大多布置在屋内。

1. 低压配电屏

低压配电屏分为固定式和手车式（又称抽屉式）低压开关柜两大类，一般用于配电网，向低压用电用户提供电能。

手车式低压配电屏接线及结构示意图如图 3-5 所示，它的开关电器采用的是塑壳真空断路器。整个低压配电屏侧面呈品字型结构分成 3 个隔室，上部隔室为水平母线隔室，下部的 2 个隔室一个用于安装断路器，一个用于断路器接线和辅助设备的安装。手车式与固定式低压配电屏相比，其供电连续性好，若断路器故障时可使用备用断路器代替，停电时间短。

2. 开关柜

高压开关柜按结构形式可分为固定式和手车式两种。其中手车式开关柜又可分为铠装型和间隔型，而铠装型按手车的位置可分为落地式和中置式。

（1）固定式高压开关柜。断路器安装位置固定，各功能区相通而且敞开，结构简单。断路器室体积小，断路器维修不便，采用母线和线路的隔离开关作为断路器检修的隔离措施。固定式高压开关柜示意如图 3-6 所示。

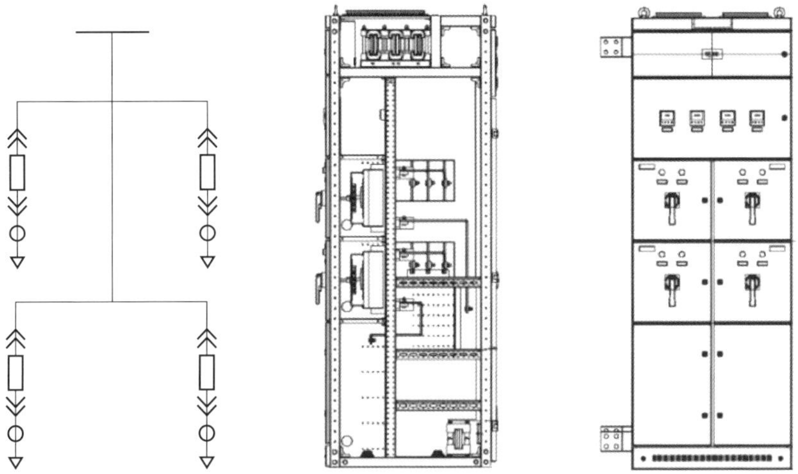

（a）电气接线图　　（b）侧视结构图　　（c）正视图

图 3-5　手车式低压配电屏接线及结构示意图

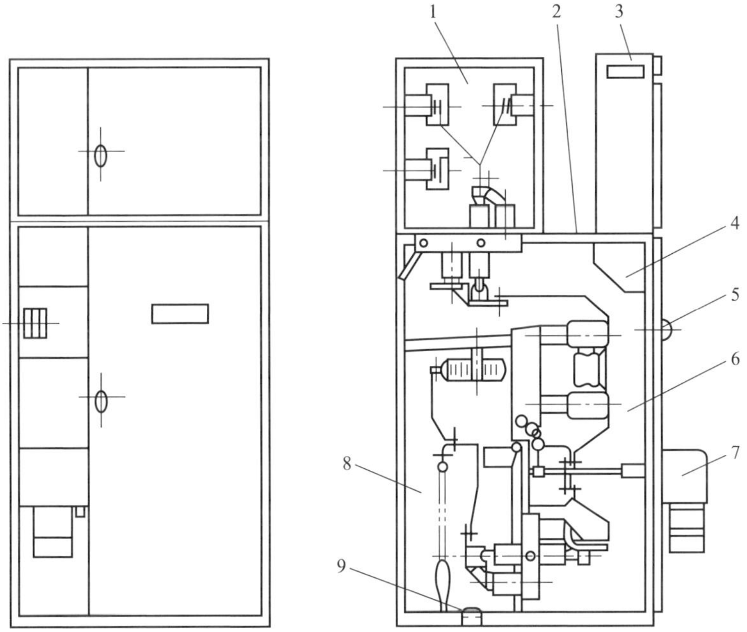

（a）外形图　　（b）结构示意图

图 3-6　固定式高压开关柜示意图

1—母线室；2—压力释放通道；3—仪表室；4—组合开关室；5—手动操作及连锁机构；6—断路器室；7—电磁式弹簧机构；8—电缆室；9—接地母线

（2）手车式高压开关柜。高压断路器安装于可移动手车上，断路器两侧使用一次插头与固定的母线侧、线路侧静插头构成导电回路；检修时采用插头式的触头隔离，断路器手车可移出柜外检修。同类型断路器手车具有通用性，可使用备用断路器手车代替检修的断路器手车，以减少停电时间。手车式高压开关柜的各个功能区是采用金属封闭或者采用绝缘板的方式封闭，有一定的限制故障扩大的能力。手车式高压开关柜示意如图 3-7 所示。

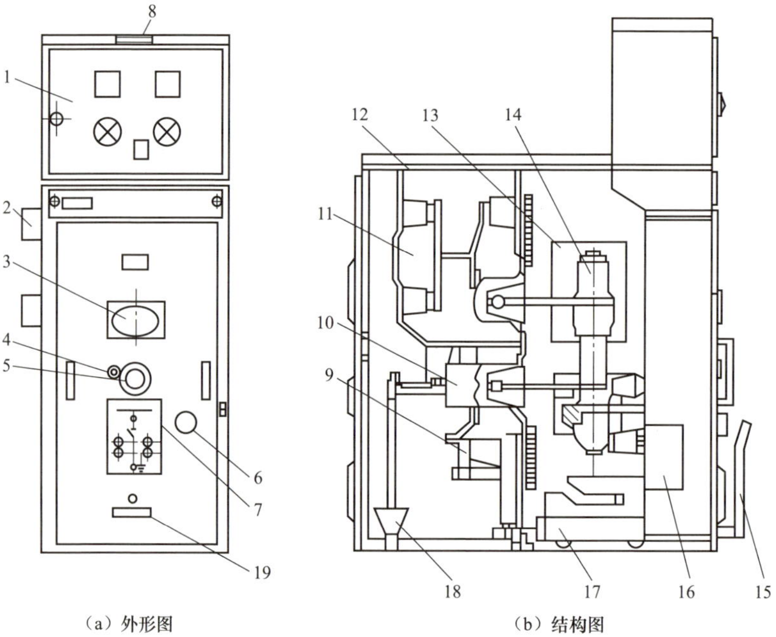

（a）外形图　　（b）结构图

图 3-7　手车式高压开关柜示意图

1—仪表继电室；2—一次套管；3—观察窗；4—推进机构；5—手车位置指示及锁定按钮；6—紧急分闸旋钮；7—模拟母线牌；8—标牌；9—接地开关；10—电流互感器；11—母线室；12—排气窗；13—绝缘隔板；14—断路器；15—接地开关手柄；16—电磁式弹簧机构；17—手车；18—电缆头；19—厂标牌

3. SF_6 全封闭组合电器

气体全封闭组合电器是由断路器、隔离开关、快速或慢速接地开关、电流互感器、电压互感器、避雷器、母线和出线套管等，按电气主接线的要求依次连接组合成一个整体，并且全部封闭于接地的金属外壳中，壳体内充一定压力 SF_6 气体，作为绝缘和灭弧介质。目前，其通称为 SF_6 全封闭组合电器。SF_6 全封闭组合电器按绝缘介质，可以分为全 SF_6 气体绝缘型封闭式组合电器（FGIS，常简写为 GIS）和部分 SF_6 气体绝缘型封闭式组合电器（HGIS）。前者是全封闭的，后者是除母线、避雷器和电压互感器外，其他元件均采用 SF_6 绝缘，并构成以断路器为主的复合电器。全 SF_6 气体绝缘型封闭式组合电器示意图如图 3-8 所示。

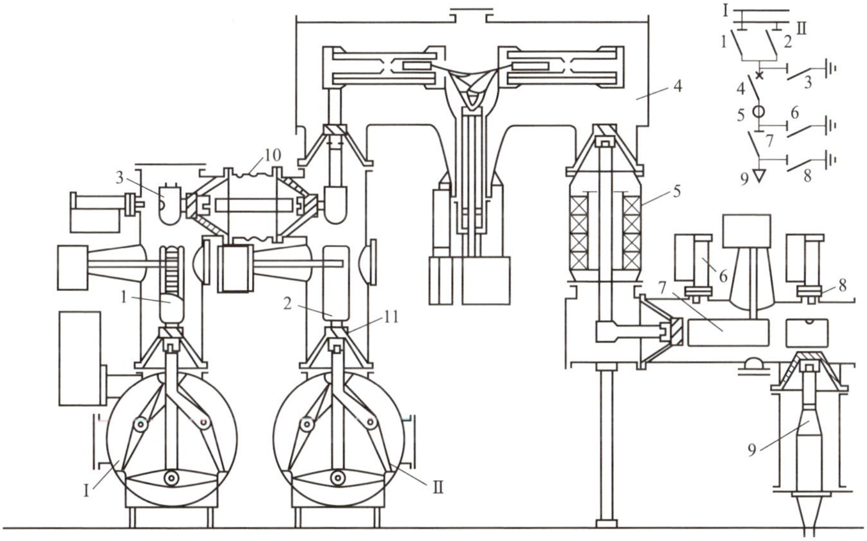

图 3–8　全 SF_6 气体绝缘型封闭式组合电器示意图

Ⅰ、Ⅱ—主母线；1、2、7—隔离开关；3、6、8—接地开关；4—断路器；
5—电流互感器；9—电缆头；10—伸缩节；11—盆式绝缘子

3.4.2　成套配电装置通用设备成果

上海成套配电装置的选型须参照《国家电网有限公司输变电工程通用设计（2020 版）》《国家电网有限公司输变电工程通用设备（2018 版）》等文件，优先考虑采用标准化的设计和产品。

根据《国家电网有限公司输变电工程通用设备（2018 年版）》，SF_6

全封闭组合电器共有 17 种通用设备，涵盖了 66 ~ 750kV 电压等级，见表 3-14。

表 3-14　　SF_6 全封闭组合电器通用设备一览表

序号	电压等级（kV）		设备编号	额定短路开断电流（kA）	额定电流（A）	适用海拔（m）
1	GIS	750	7GIS-5000/63	63	5000	≤ 2000
2		500	5GIS-5000/63	63	5000	≤ 4000
3		330	3GIS-4000/50	50	4000	≤ 1000
4			3GIS-5000/63	63	5000	≤ 3500
5		220	2GIS-4000/50	50	4000	≤ 5000
6			2GIS-5000/50		5000	
7		110	1GIS-3150/40	40	3150	≤ 5000
8		66	CGIS-3150/31.5	31.5	3150	≤ 1000
9			CGIS-3150/40	40		
10	HGIS	750	7HGIS-5000/63	63	5000	≤ 3000
11		500	5HGIS-5000/63	63	5000	≤ 3500
12		330	3HGIS-4000/50	50	4000	≤ 1000
13			3HGIS-5000/63	63	5000	≤ 3500
14		220	2HGIS-3150/50	50	3150	≤ 2500
15			2HGIS-4000/50		4000	
16		110	1HGIS-3150/40	40	3150	≤ 5000
17		66	CHGIS-3150/31.5	31.5	3150	≤ 1000

SF_6 全封闭组合电器通用设备编号说明如图 3-9 所示。

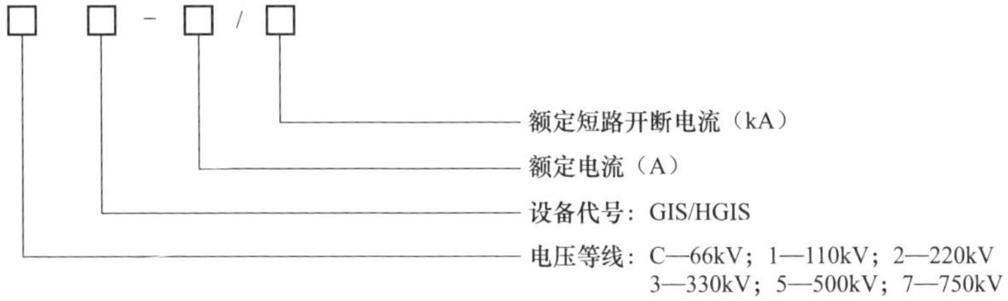

图 3-9 SF_6 全封闭组合电器通用设备编号说明

根据《国家电网有限公司输变电工程通用设备（2018 年版）》，高压开关柜共有 13 种通用设备，涵盖了 10 ~ 35kV 电压等级，见表 3-15。

表 3-15　　高压开关柜通用设备一览表

序号	电压等级（kV）	设备编号	额定短路开断电流（kA）	额定电流（A）	灭弧介质	绝缘介质	适用海拔（m）
1	35	BKG-A-1250/25	25	1250	真空 /SF_6	空气	≤ 1000
2		BKG-G-1250/25			真空	气体*	≤ 5000
3		BKG-A-2500/25		2500	真空 /SF_6	空气	≤ 1000
4		BKG-G-2500/25			真空	气体*	≤ 5000
5		BKG-A-1250/31.5	31.5	1250	真空 /SF_6	空气	≤ 1000
6		BKG-G-1250/31.5			真空	气体*	≤ 5000
7		BKG-A-2500/31.5		2500	真空 /SF_6	空气	≤ 1000
8		BKG-G-2500/31.5			真空	气体*	≤ 5000
9	10	AKG-A-1250/31.5	31.5	1250	真空 /SF_6	空气	≤ 2000
10		AKG-G-1250/31.5				气体*	≤ 5000
11		AKG-A-3150/40	40	3150		空气	≤ 2000
12		AKG-G-3150/40				气体*	≤ 5000
13		AKG-A-4000/40		4000		空气	≤ 2000

* 气体绝缘可采用 SF_6 气体、N_2 气体、混合气体或干燥压缩空气。

高压开关柜通用设备编号说明如图 3-10 所示。

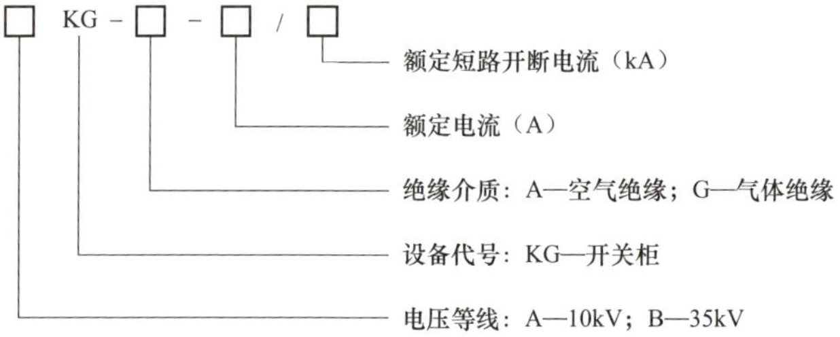

图 3-10　高压开关柜通用设备编号说明

3.4.3　上海典型成套配电装置举例

上海 110kV 及以上电压等级的配电装置一般采用 SF_6 全封闭组合电器，35kV 及以下电压等级的配电装置一般采用空气绝缘开关柜，上海配电装置设备类型的选择见表 3-16。

表 3-16　　上海配电装置设备类型的选择

序号	站址位置	设备接入电网电压等级（kV）				
		500	220	110	35	10
1	内环线以内地区、城市副中心、区县政府所在地、国家级重点开发区、重要政治用户、地下变电站	GIS	GIS	GIS	空气绝缘开关柜/充气式开关柜	GIS 空气绝缘开关柜
2	内外环之间地区、中心镇、市级开发区	GIS	GIS	GIS	空气绝缘开关柜/充气式开关柜	空气绝缘开关柜
3	其他地区	GIS/HGIS 户外式	GIS/HGIS 户外式	GIS	空气绝缘开关柜	空气绝缘开关柜

1. 500kV 及以上变电站

上海某 1000kV 变电站，站内 1000kV 配电装置采用 SF_6 全封闭组合电器，除电压互感器和避雷器外，母线、断路器和隔离开关等都封装在 GIS 筒体内。GIS 内主要开关电器的参数见 3.3.5 小节中的内容。

上海 500kV 变电站一般采用户外布置方案，即主变与高（中）压侧配电装置布置于户外，低压侧配电装置布置于户内，主要接入无功补偿装置和站用变压器，一般不对外供电。高压侧配电装置采用 HGIS 或 GIS 一般由站址面积决定，当变电站占地面积足够布置 HGIS 时，采用 HGIS 投资更少。由于断路器、隔离开关等操动机构都在 HGIS 筒体内，运行可靠性较 GIS 没有明显区别。500kV 变电站典型成套配电装置参数见表 3-17。

表 3-17　　500kV 变电站典型成套配电装置参数

电压等级（kV）	成套配电装置类型	接线形式	采用通用设备编号
500	GIS/HGIS	3/2 接线形式 / 线路—变压器组	5GIS-5000/63 5HGIS-5000/63
220	GIS	双母线双分段	2GIS-4000/50
66	GIS	单母线分段	CGIS-3150/40

2. 220kV 变电站

上海新建 220kV 变电站一般采用户内布置方案，220、110kV 配电装置采用 GIS 形式。

35kV 配电装置一般采用真空断路器空气绝缘开关柜，但是对于切断电容器、电抗器等无功补偿装置回路的配电装置，一般采用 SF_6 断路器空气绝缘开关柜。这是因为切断电容器时，断路器断口间电压较大，易被击穿发生重燃；切断电抗器时，电流大，不易熄弧，采用 SF_6 断路器时灭弧能力更强，不易发生重燃。

为了运行检修方便，减少停电时间，提高供电可靠性，上海开关柜一般采用手车式结构。随着科技水平的不断提高，无人值守，远程控制的变电站会采用电动式手车，可以进一步提高调控运行自动化水平。

35kV 侧根据配电装置所属回路的不同，其额定电流、开断能力有所区别：主变进线、分段等回路按 2500A、25kA 控制；一般出线、无功补偿回路等按 1250A、25kA 控制。

根据上海短路电流限制条件和通用设计方案，220kV 变电站典型成套配电装置参数见表 3-18。

表 3-18　　220kV 变电站典型成套配电装置参数

电压等级（kV）	成套配电装置类型	接线形式	采用通用设备编号
220	GIS	双母线双分段 / 线路—变压器组	2GIS-4000/50
110	GIS	单母线分段	1GIS-3150/40
35	开关柜	单母线分段环形	BKG-A-1250/25 BKG-A-2500/25

3. 110kV 变电站

上海新建 110kV 变电站一般采用户内布置方案，110kV 配电装置采用 GIS 形式。110kV 接线采用“环进环出”是为了与若干 110kV 变电站成串形成“手拉手”接线形式，考虑到上海有较多的 110kV 用户接入需求（如地铁供电），为了减少远期将环进环出接线扩建成“一进三出”接线时停电的影响，缩短用户获得电力时间，优化营商环境，现新建变电站一般都按一进三出最终规模接线建成。

10kV 配电装置一般采用手车式真空断路器空气绝缘开关柜，10kV 侧根据配电装置所属回路的不同，其额定电流、开断能力有所区别：主变进线、分段等间隔根据主变容量大小按 4000A（3150A）、40kA 控制；一般出线、无功补偿等按 1250A、31.5kA 控制。

根据上海短路电流限制条件和通用设计方案，110kV 变电站典型成套配电装置参数见表 3-19。

表 3-19　　110kV 变电站典型成套配电装置参数

电压等级（kV）	成套配电装置类型	接线形式	采用通用设备编号
110	GIS	环进环出 / 一进三出	1GIS-3150/40
10	开关柜	单母线分段环形	AKG-A-1250/31.5 AKG-A-3150/40 AKG-A-4000/40

4. 35kV 变电站

上海 35kV 变电站一般采用户内布置方案，35kV 一般采用空气绝缘开关柜，部分市区场地狭小的变电站会采用气体绝缘开关柜以减少设备体积，当采用 SF_6 绝缘开关柜时，需注意配置 SF_6 气体监测装置。

10kV 配电装置一般采用手车式真空断路器空气绝缘开关柜，10kV 侧根据配电装置所属回路的不同，其额定电流、开断能力有所区别：主变进线、分段等间隔按 3150A、40kA 控制；一般出线、无功补偿等按 1250A、31.5kA 控制。

根据上海短路电流限制条件和通用设计方案，35kV 变电站典型主要成套配电装置参数见表 3-20。

表 3-20　　35kV 变电站典型主要成套配电装置参数

电压等级（kV）	成套配电装置类型	接线形式	采用通用设备编号
35	开关柜	线路变压器组	BKG-A-1250/25 BKG-G-1250/25
10	开关柜	单母线分段 / 单母线分段环形	AKG-A-1250/31.5 AKG-A-3150/40

5. 10kV 配电站

上海 10kV 配电站一般根据类型的不同采用空气绝缘开关柜、充气开关柜或环网柜，一般 K 型配电站配置开关柜，P 型配电站配置环网柜。环网柜即采用负荷开关和熔断器作为开关电器的成套配电装置，无须配置继电保护装置，设备结构简单、体积小、价格低。

3.5 载流导体选型

载流导体通常由铝、铝合金、铜及钢制成。纯铝的成型导体一般为矩形、槽形和管形。铝合金导体有铝锰合金和铝镁合金两种，形状均为管形。铝锰合金载流量大，但强度较差，采用一定的补强措施后可广泛使用；铝镁合金载流量小，但机械强度大，其缺点是焊接困难，因此使用受到限制。铜导体只用在持续工作电流大，且出线位置特别狭窄或污秽，对铝有严重腐蚀的场所。钢导体由于电阻率高，一般不直接用作载流导体；由于其耐热性好，强度大，主要应用于防雷接地导体及增加软导线强度等方面。各种载流导体材料的基本特性见表 3-21。

表 3-21　　各种载流导体材料的基本特性

基本特性	材料名称				
	铜	铝	铝锰合金	铝镁合金	钢
20℃时的电阻率（Ω·m）	0.0179	0.0290	0.0379	0.0458	0.1390
20℃时的电阻温度系数（$℃^{-1}$）	0.00385	0.00403	0.0042	0.0042	0.00455
密度（g/cm^3）	8.89	2.71	2.73	2.68	7.85
熔点（℃）	1083	653	—	—	1536
比热［J/（g·℃）］	0.3843	0.9295	—	—	0.4522
导热系数［W/（cm·℃）］	3.8644	2.1771	—	—	0.8038
温度线膨胀系数（$℃^{-1}$）	16.42×10^{-6}	24×10^{-6}	23.2×10^{-6}	23.8×10^{-6}	12×10^{-6}
抗拉强度（N/mm^2）	210 ~ 250	>120	160	300	＞280
伸长率（%）	＞3	＞3	10	24	＞25
最大允许应力（N/mm^2）	140	70	90	170	160
弹性模数（N/mm^2）	100000	70000	71000	70000	200000
允许最高加热温度（℃）	300	200	200	—	600

3.5.1 导体相关计算

1. 导体的发热

（1）导体的发热与散热计算。导体通流后，导体的温度由最初温度开始上升，经过一段时间后达到稳定温度。导体达到稳定温度时的热量平衡方程式为

$$Q_R + Q_t = Q_l + Q_f \tag{3-16}$$

式中：Q_R 为导体产生的热量；Q_t 为导体吸收太阳辐射的热量；Q_l 为对流散热量，即空气的对流带走的热量；Q_f 为辐射散热量，即导体向周围空气辐射的热量。

单位长度导体产生的热量 Q_R 主要是由于导体自身电阻产生的损耗，即

$$Q_R = I_w^2 R_{ac} \quad (\mathrm{W/m}) \tag{3-17}$$

式中：I_w 为导体的工作电流，A；R_{ac} 为单位长度导体的交流电阻，Ω/m，它与导体的直流电阻、电流的频率、导体的形状尺寸有关。

户外导体吸收太阳辐射的能量会产生温升，导体吸收太阳辐射的热量与太阳的辐射功率密度、导体受太阳的照射面积及对太阳辐射热量的吸收率有关。对于户内导体，因无日照的作用，这部分热量可忽略不计。

导体的对流散热量 Q_l 与导体工作温度相对空气温度的温差及散热面积成正比，单位长度导体的对流散热面积与导体的形状、尺寸、布置方式等因素有关。导体片间距离越近，对流散热条件就越差，有效对流散热面积应相应减小。

导体辐射散热量 Q_f 与导体材质、导体工作温度相对空气温度的温差以及导体的辐射散热表面积有关。单位长度导体的辐射散热面积同对流散热面积一样，与导体的形状、尺寸、布置方式等因素有关。导体片间距离越近，辐射散热条件就越差，有效辐射散热面积应相应减小。

导体对流散热量和辐射散热量的计算公式为

$$\left.\begin{aligned}Q_1&=\alpha_1(\theta_w-\theta_0)F_1\\Q_f&=\alpha_f(\theta_w-\theta_0)F_f\end{aligned}\right\}\tag{3-18}$$

式中：α_1 为对流散热系数，W/（m²·℃）；α_f 为辐射散热系数，W/（m²·℃）；θ_w 为导体工作温度，℃；θ_0 为空气温度，℃；F_1 为单位长度导体的对流散热面积，m²/m；F_f 为单位长度导体的辐射散热面积，m²/m。对流、辐射、散热系数以及散热面积的计算可参考有关书籍及设计手册，本书不再赘述。

工程上为了便于分析和计算，通常把辐射散热量与对流散热量一起考虑，用一个总散热系数 α_W 和总散热面积 F 来表示对流散热和辐射散热的作用，即

$$Q_1+Q_f=\alpha_w(\theta_w-\theta_0)F\tag{3-19}$$

（2）导体的长期发热与载流量。导体室内布置时长期通过电流 I 时，稳定状态下导体的发热量与导体散失到周围介质的热量相等，导体散失到周围介质的热量主要为对流散热量 Q_1 与辐射散热量 Q_f，即

$$I^2R=Q_1+Q_f=\alpha_w(\theta_w-\theta_0)F\tag{3-20}$$

则室内导体的载流量为

$$I=\sqrt{\frac{Q_1+Q_f}{R}}=\sqrt{\frac{\alpha_w(\theta_w-\theta_0)}{R}}\tag{3-21}$$

导体室外布置时长期通过电流 I 时，稳定状态下导体的发热量加上导体吸收太阳辐射的热量等于导体散失到周围介质的热量相等，即

$$Q_t+I^2R=Q_1+Q_f=\alpha_w(\theta_w-\theta_0)F\tag{3-22}$$

则室外导体的载流量为

$$I=\sqrt{\frac{Q_1+Q_f-Q_t}{R}}=\sqrt{\frac{\alpha_w(\theta_w-\theta_0)-Q_t}{R}}\tag{3-23}$$

（3）导体短路时的热效应。载流导体短路时（或称为短时）发热，是指短路开始至短路被切除为止很短一段时间内导体发热的过程。此时，导体发

出的热量比正常发热要多，导体温度升得很高。短路时发热计算的目的，就是确定导体短路时的最高温度。

导体短路时发热的特点是：①短路电流大，持续时间短，导体内产生的热量来不及向周围介质散布，可认为在短路电流持续时间内所产生的全部热量都用来升高导体自身的温度，即认为是一个绝热过程；②短路时导体温度变化范围很大，它的电阻和比热容不能再视为常数，而应为温度的函数。

导体短路时的热效应计算可参照 3.1.2 小节中的内容。

2. 导体经济电流密度

在进行导体选择时，除了考虑导体的载流量外，对传输容量大、全年负荷利用小时数大的导体一般要进行经济电流密度的计算，作为选择导体截面积时的参考。不同种类的导体和不同的最大负荷利用小时数将有一个年计算费用最低的电流密度，称为经济电流密度。

导体的经济电流密度计算方法为

$$I_{eco}=\frac{I_w}{S_{eco}} \tag{3-24}$$

式中：I_w 为回路持续工作电流；S_{eco} 为导体的经济截面积。

导体经济截面积与导体的全寿命周期成本有关，其包括两个部分：

（1）导体的本体及安装成本，是导体的直接成本；

（2）导体因损耗产生的成本，它包括负荷电流引起的发热损耗以及电网为了弥补损耗而补充的装机费用，这部分成本需通过技术经济学中的折现方法将其折现到导体安装时的现值。

导体经济电流密度的计算涉及的参数较多，与地区负荷增长、贴现率等经济发展指标有关系，通过对不同最大负荷利用时间下的导体的经济电流密度进行计算，并将其拟合，可以方便工程中的实际应用。经济电流密度曲线如图 3-11 所示，需要说明的是，不同导体材质、不同电价水平下拟合出的经济电流密度曲线不同，在使用时需进行甄别。

3. 硬导体电动力

载流导体位于磁场中要受到磁场力的作用，这种力称为电动力。电力系统短路时，导体中通过很大的短路电流，导体会遭受巨大的电动力作用。如果导体机械强度不够，将变形或损坏。为了安全运行，需要对硬导体短路时电动力的大小进行分析和计算。

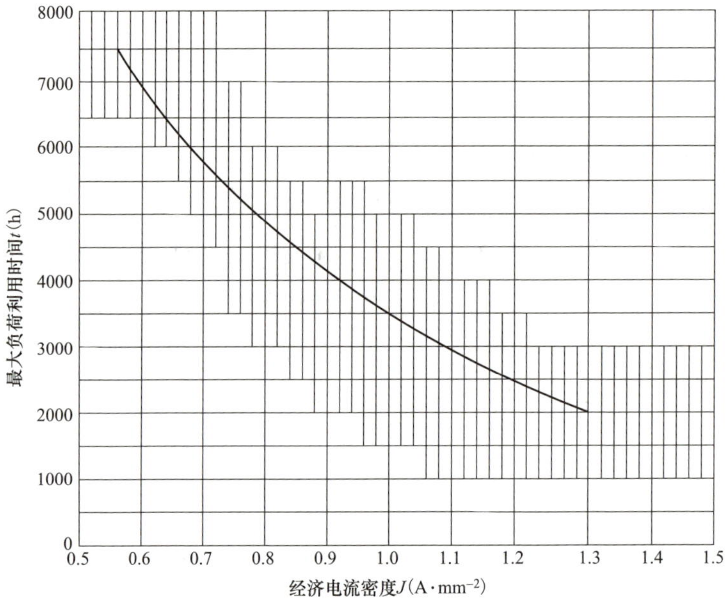

图 3-11　经济电流密度曲线图

导体短路时产生的电动力一般均按照三相短路计算，布置在同一平面的三相导体短路时产生的最大短路电动力出现在中间相，其单位长度导体上计算式为

$$F = 17.248\frac{1}{a}i_{ch}^{2} \times 10^{-2} \tag{3-25}$$

式中：a 为相间距离，cm；i_{ch} 为三相短路冲击电流，kA，与短路电流周期分量起始值及短路点有关。

硬导体具有弹性，当受到一次外力作用时，就按一定频率在其平衡位置上下运动，形成固有振动，其振动频率称为固有频率。固有频率与导体的材质、截面形状以及导体的固定方式有关。

因短路电流存在周期分量，电动力也呈现出一定的周期性，为了防止电动力频率与导体固有频率相近时产生共振现象，在对硬导体及其固定方式设计时需加以注意。

导体发生振动时，在导体内部会产生动态应力，动态应力与导体的固有频率有关。

为了避免导体产生危险的共振，对于重要的导体，应使其固有频率在下述范围以外：

（1）单条导体及一组中的各条导体固有频率为 35 ~ 135Hz；

（2）多条导体及引下线的单条导体固有频率为 35 ~ 155Hz；

（3）槽形和管形导体为固有频率 30 ~ 160Hz。

如果固有频率在上述范围内，则电动力需考虑动态应力的影响。

硬导体电动力的具体计算过程及公式推导可以参考有关书籍及设计手册内容，本书不再展开叙述。

3.5.2 硬导体选型

从电晕和集肤效应的角度考虑，硬导体截面一般采用矩形、槽形和管形，常见硬导体截面如图 3-12 所示。

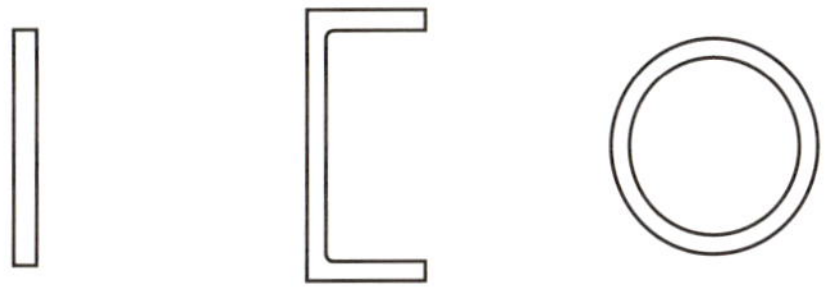

（a）矩形　（b）槽形　（c）管形

图 3-12 常见硬导体截面图

矩形导体散热条件好，便于固定和连接，但集肤效应更严重。为了减小集肤效应，单条截面积一般不超过 1250mm^2，当承载大电流时可将 2 ~ 4 条矩形导体并列使用。矩形导体一般只用于电压在 35kV 及以下、电流在 4000A 及以下的配电装置中。

槽形导体机械强度好，载流量大，集肤效应系数较小，一般用于 4000 ~ 8000A 的配电装置中。

管形导体集肤效应系数小、机械强度高，用于 8000A 以上的大电流母线或对电晕放电电压有一定要求的 110kV 及以上的配电装置中。

根据 3.5.1 小节的内容，导体的散热与导体布置方式有关。三相系统平行布置时，若矩形导体的长边垂直布置（竖放）方式，对流散热面积大，散热较好，载流量大；若矩形导体的长边呈水平布置（平放），与竖放方式相比则散热变差，载流量降低。导体的布置方式也会决定导体的机械强度，矩形导体竖放布置时机械强度要低于平放布置，因此，导体的布置方式选择应根据载流量的大小、短路电流水平和配电装置的具体情况而定。

对年负荷利用小时数大（通常大于 5000h），传输容量大，长度在 20m 以上的导体，如发电机、变压器的连接导体其截面积一般按经济电流密度选择。而配电装置的汇流母线通常在正常运行方式下，传输容量不大，故可按长期发热时允许电流来选择。

1. 根据回路持续工作电流选择

导体选择需满足

$$I_N \geq I_w \tag{3-26}$$

式中：I_w 为电流回路的持续工作电流；I_N 为相应导体在某一运行温度、环境条件及安装方式长期允许的载流量。

I_N 是通过 3.5.1 中的方法计算得出的，在实际工程应用中，一般通过参考电力工程设计手册中的载流量表格来获取导体长期允许载流量的近似值，部分常见矩形铝导体长期允许载流量见表 3-22。表中的载流量是按照导体最高允许工作温度 +70℃、基准环境温度 +25℃、无风、无日照、海拔 1000m 及以下条件计算的。其他情况需将表中所列载流量进行校正，具体校正方法可参照电力工程设计手册中的内容。

表 3-22 部分常见矩形铝导体长期允许载流量（A）

导体尺寸 $h \times b$（mm×mm）	单条		双条		三条		四条	
	平放	竖放	平放	竖放	平放	竖放	平放	竖放
63×6.3	910	952	1409	1547	1866	2111	—	—
63×8	1038	1085	1623	1777	2113	2379	—	—
63×10	1168	1221	1825	1994	2381	665	—	—
80×6.3	1128	1178	1724	1892	2211	2505	2558	3411
80×8	1174	1330	1946	2131	2491	2809	2863	3817
80×10	1427	1490	2175	2373	2774	3114	3167	4222
100×6.3	1371	1430	2054	2253	2633	2985	3032	4043
100×8	1542	1609	2298	2516	2933	3311	3359	4479
100×10	1728	1803	2558	2796	3181	3578	3622	4829

注 1. 表中导体尺寸中 h 为宽度，b 为厚度。
2. 表中导体片间距离皆为 50mm。
3. 相同截面铜导体载流量为表中铝导体载流量 1.27 倍。

2. 根据经济电流密度选择

按经济电流密度选择导体截面可使年计算费用最低。当获取导体的经济电流密度曲线后，可根据导体的回路持续工作电流及最大负荷利用小时数获取导体的经济电流密度截面。

根据式（3-24）可知

$$S_{eco} = \frac{I_w}{I_{eco}} \tag{3-27}$$

变电站的最大负荷利用小时应根据负荷的性质来确定。当无合适规格的导体时，导体截面可小于经济电流密度的计算截面。在大电流和年运行小时数大的回路中，选择铜导体比选择铝导体更能同时满足经济性最佳和技术性合理的双重要求。

3.5.3 软导线选型

软导线常用的有钢芯铝绞线、组合导线、分裂导线和扩径导线，如图

3-13 所示。钢芯铝绞线和组合导线常用于 220kV 及以下电压等级，分裂导线和扩径导线多用于 330kV 及以上电压等级。

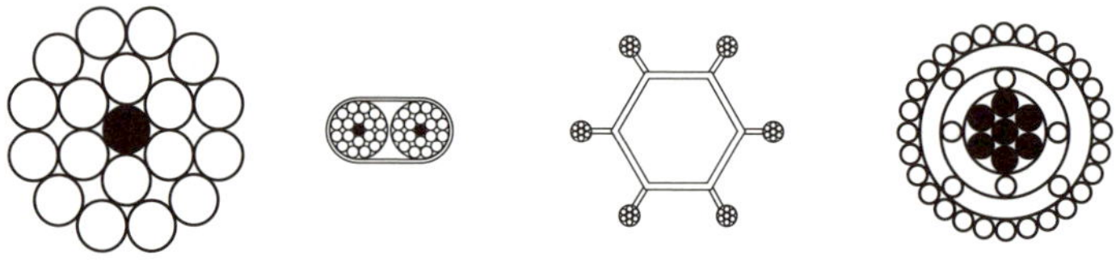

（a）钢芯铝绞线　（b）组合导线　（c）分裂导线　（d）扩径导线

图 3–13　常见软导线截面图

1. 软导线选型的一般条件

软导线的选择，应根据环境条件和回路负荷电流、无线电干扰等条件，确定导线的截面和型式。

在空气中含盐量较大的沿海地区或周围气体对铝有明显腐蚀的场所，应尽量选用防腐型铝绞线。

当负荷电流较大时，应根据负荷电流选择较大截面的导线。当电压较高时，为保持导线表面的电场强度，导线最小截面必须满足电晕的要求，可增加导线外径或增加每相导线的根数。

对于 220kV 及以下电压等级，电晕对选择导线截面不起决定性作用，一般根据负荷电流选择导线截面。导线的结构形式可采用单根钢芯铝绞线或由钢芯铝绞线组成的复合导线。

对于 330kV 及以上电压等级，电晕和无线电干扰则是选择导线截面及导线结构形式需考虑的控制条件。扩径导线具有单位质量轻、电流分布均匀、结构安装上不需要间隔棒、金具连接方便等优点，而且没有分裂导线在短路时引起的附加张力。330kV 电压等级宜采用空心扩径导线。500kV 及以上电压等级，单根空心扩径导线已不能满足电晕等条件的要求，而分裂导线虽然具有导线拉力大、金具结构复杂、安装麻烦等缺点，但因它能提高导线的自然功率和有效降低导线表面的电场强度，所以 500kV 及以上电压等级宜采用由空心扩径导线或铝合金绞线组成的分裂导线。

碳纤维导线与常规导线相比，具有质量轻、抗拉强度大、耐热性能好、高温弧垂小、电导率高、线损低、载流量大等优点，但造价较高，新建载流量大的母线或大跨距母线时可通过技术经济比较确定是否采用。

2. 软导线截面的选择

同硬导体一致，软导线选择需满足载流量的要求：

$$I_N \geqslant I_w \tag{3-28}$$

式中：I_w 为电流回路的持续工作电流；I_N 为相应导线在某一运行温度、环境条件及安装方式长期允许的载流量。

I_N 可以通过 3.5.1 中介绍的计算方式进行计算，在实际工程应用中，一般通过参考电力工程设计手册中的载流量表格来获取导线长期允许载流量的近似值，部分铝绞线规格及长期允许载流量见表 3-23。

表 3–23 部分铝绞线规格及长期允许载流量

标称截面积（mm²）	单线根数及直径		计算截面积（mm²）	外径（mm）	直流电阻不大于（Ω）	计算拉断力（N）	计算质量（kg/km）	交货长度不小于（m）	长期允许载流量（A）	
	根数	直径（mm）							+70℃	+80℃
16	7	1.7	15.89	5.10	1.802	2840	43.5	4000	112	117
25	7	2.15	25.41	6.45	1.127	4355	69.6	3000	151	157
35	7	2.50	34.36	7.50	0.8332	5760	94.1	2000	183	190
50	7	3.00	49.48	9.00	0.5786	7930	135.5	1500	231	239
70	7	3.60	71.25	10.80	0.4018	10950	195.1	1250	291	301
95	7	4.16	95.14	12.48	0.3009	14450	260.5	1000	351	360
120	19	2.85	121.21	14.25	0.2373	19420	333.5	1500	410	420
150	19	3.15	148.07	15.75	0.1943	23310	407.4	1250	466	476
185	19	3.50	182.80	17.50	0.1574	28440	503.0	1000	534	543
210	19	3.75	209.85	18.75	0.1371	32260	577.4	1000	584	593
240	19	4.00	238.76	20.00	0.1205	36260	656.9	1000	634	643

续表

标称截面积（mm^2）	单线根数及直		计算截面积（mm^2）	外径（mm）	直流电阻不大于（Ω）	计算拉断力（N）	计算质量（kg/km）	交货长度不小于（m）	长期允许载流量（A）	
	根数	直径（mm）							+70℃	+80℃
300	37	3.20	297.57	22.40	0.09689	46850	820.4	1000	731	738
400	37	3.70	397.83	25.90	0.07247	61150	1097	1000	879	883
500	37	4.16	502.90	29.12	0.05733	76370	1387	1000	1023	1023
630	61	3.63	631.30	32.67	0.04577	91940	1744	800	1185	1180
800	61	4.10	805.36	36.90	0.03588	115900	2225	800	1388	1377

软导线中最为常见的圆线同心绞架空导线的型号表示方法如下：

（1）导线型号第一个字母均为 J，表示同心绞合；

（2）单一导线在 J 后面为组成导线的单线代号，如 JL 代表铝绞线；

（3）组合导线在 J 后面为外层线和内层线的代号，两者用“/”分开。

例如，JL240 代表铝绞线，标称截面积为 240mm^2。

需要说明的是，上述型号表述方法出自 GB 1179—2017《圆线同心绞架空导线》，在部分资料中，有时会用 LGJ 来表示钢芯铝绞线，此类代号为 GB 1179—1983《铝绞线与钢芯铝绞线》中的规定，现已被最新标准替代。

同样，对全年负荷利用小时数较大、线路较长、传输容量较大的回路，应按导线的经济电流密度选择导体截面。经济电流密度及经济截面的计算可参照 3.5.1 以及 3.5.2 小节中的相关内容。

3.5.4 电缆选型

1. 电缆分类与型号

电缆按照用途可分为电力电缆、控制电缆、通信电缆等。本小节涉及的电缆选型主要为电力电缆。

（1）电缆的分类。

1）按照线芯材质，可分为铜芯电缆、铝芯电缆、铝合金电缆等。

2）按照绝缘材质，可分为交联聚乙烯（XLPE）绝缘电缆、聚氯乙烯（PVC）绝缘电缆、橡皮绝缘电缆、充油电缆等不同形式。

3）按照内外层护套材质，可分为聚乙烯内外护层、聚氯乙烯内外护层、皱纹铝套护层等不同形式。

4）按照外层保护形式及材质，可分为非铠装电缆、钢带铠装电缆、钢丝铠装电缆、非导磁金属带（丝）铠装电缆等。

5）按照常用绝缘电压等级，可分为 450/750V、0.6/1kV、8.7/10kV、8.7/15kV、26/35kV、50/66kV、110kV、220kV、300kV、500kV 等。

6）按照阻燃防火特性，可分为耐火电缆、阻燃电缆、非阻燃电缆等。

耐火电缆是在火焰燃烧或高温情况下该电缆电气回路能够保持一定时间安全运行的电缆。耐火等级根据耐火温度由高到低分为 A、B 两种级别。

阻燃电缆是在燃烧火源熄灭后，火焰沿电缆的蔓延仅在限定范围内，或火焰在限定时间内能自行熄灭的电缆。其特点是在火灾情况下可阻止火势沿电缆的蔓延，把电缆燃烧限制在局部的范围内。阻燃等级根据阻燃性能由高到低分为 A、B、C 等级别。

非阻燃电缆不具备上述耐火及阻燃特性。

7）按照敷设环境对阻水的要求，电缆还可增加径向及纵向阻水功能。

（2）电缆的结构和型号。电力电缆基本结构如图 3-14 所示。

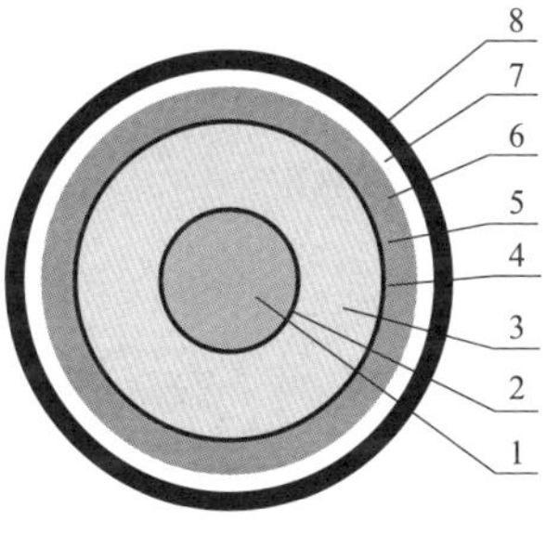

（a）单芯电缆

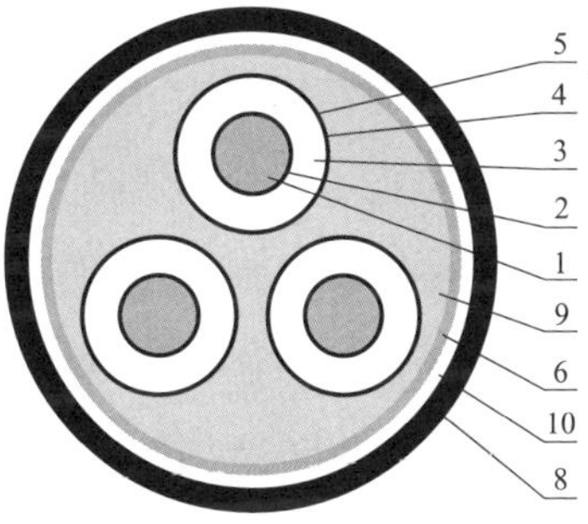

（b）三芯电缆

图 3-14 电力电缆基本结构示意图

1—导体线芯；2—内半导电屏蔽；3—绝缘层；4—外半导电屏蔽；5—金属屏蔽；6—内护层；7—钢丝铠装；8—外护层；9—填充料；10—金属铠装

电缆根据各种分类方法分成各种型号，可用不同的符号标记来区分。

电缆的型号一般由大写英文字母及阿拉伯数字等组成的符号来表示：英文字母表示电缆的阻燃等级、用途、绝缘、内护层及线芯材料；数字表示铠装及外护层；用字母和数字的组合来表示屏蔽类型、绝缘等级、线芯截面积等参数。其标记方式一般如下。

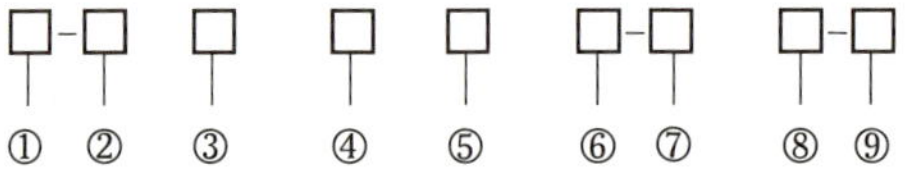

①阻燃耐火等级：阻燃型表示为 ZR，一般用 ZA、ZB、ZC 表示阻燃等级由高到低的 A、B、C 级，通常标记为 ZR 时表示为 ZC 阻燃等级；NH 为绝缘耐火型，一般用 NHA、NHB 表示耐火温度等级由高到低的 A、B 级；WDZ（A、B、C）为无卤低烟阻燃型，WDN（A、B）为无卤低烟耐火型。

②用途：电力电缆不表示，控制电缆为 K，信号电缆为 P，通信电缆为 H，移动式软电缆为 Y 等。

③绝缘：交联聚乙烯为 YJ，聚乙烯为 Y，聚氯乙烯为 V 等，具体见表 3-24。

④线芯：铜芯不表示，铝芯为 L。

⑤内护层：聚乙烯为 Y，聚氯乙烯为 V，皱纹铝护套为 LW，具体见表 3-24。

⑥特征：铜丝编织屏蔽为 P，铜丝缠绕屏蔽为 P1，铜带绕包屏蔽为 P2，铝塑复合带屏蔽为 P3，对绞自屏蔽为 DJ，无特征不表示。

⑦铠装层：采用数字表示，具体见表 3-25。

⑧外护层：采用数字表示，具体见表 3-25。当有阻水要求时，在外护层数字后加“Z”表示具有各向阻水功能。

⑨电压等级：以数字表示，一般以 kV 为单位。

例如：ZC-YJV22-8.7/10kV 表示阻燃 C 级铜芯交联聚乙烯绝缘，聚氯乙烯内护层，聚氯乙烯外护层带双钢带铠装 10kV 电力电缆。

表 3-24　常用绝缘层及内护层标记及其含义

标记	绝缘层	内护层
YJ	交联聚乙烯	—
Y	聚乙烯	聚乙烯，聚烯烃
V	聚氯乙烯	聚氯乙烯
E	乙丙橡胶	—
LW	—	挤包皱纹铝套、铝管
F	—	弹性体护套

表 3-25　铠装层及外护层标记

标记	铠装层	外护层
0	无	—
1	钢带	—
2	双钢带	聚氯乙烯
3	细圆钢丝	聚乙烯
4	粗圆钢丝	—
5	单皱纹钢带纵包、钢塑带	—
6	铝、铝合金、不锈钢等非导磁金属带	—
7	铝、铝合金、不锈钢等非导磁金属丝	—

2. 电缆的选型

（1）电压选择。

1）电缆缆芯的相间额定电压 U_N 应大于等于所在电网的额定电压 U_{SN}，即 $U_N \geqslant U_{SN}$。

2）电缆缆芯与绝缘屏蔽或金属套之间的额定电压（相当于相—地电压，绝缘屏蔽及金属套一般通过接地线接地以保证运行人员的安全），在中性点直接接地（或经低阻抗接地）系统中，当接地保护切除故障时间很短（不超过1min）时，选择使用回路的工作相电压作为额定电压，否则不宜低于133%相电压；中性点不接地系统中，额定电压一般不宜低于133%相电压，对于单相接地故障可能持续保持时间在8h以上或对发电机等安全性要求较高的回路电缆，额定电压宜采用该回路的线电压。

（2）截面选择。电力电缆导体截面应满足回路最大持续负荷时的持续工

作电流，并应根据工作环境温度及敷设环境条件进行校正，即

$$I_{max} \leqslant KI_{a1} \quad (3\text{-}29)$$

式中：I_{max} 为导体所在回路中最大持续工作电流；I_{a1} 为电缆参照的敷设基准条件下的 100% 持续额定载流量；K 为与敷设方式和环境温度有关的综合修正系数。

电缆允许载流量随着环境温度的升高而降低。其他条件相同的情况下，敷设在空气中的电缆较敷设在土壤中的电缆散热条件好，载流量大。直埋在土壤中的电缆的载流量还取决于土壤的热阻系数，一般土壤越干燥热阻系数越大，散热条件越差，电缆允许载流量相应降低。当有多根电缆并列敷设时，电缆允许载流量也需进行修正，其与并列电缆数目、电缆中心距离呈反比。

在实际工程应用中，一般通过参考电力工程设计手册中的载流量表格来获取电缆长期允许载流量的近似值，如 1kV 聚氯乙烯绝缘电缆空气中敷设时允许载流量见表 3-26。

表 3-26　部分 1kV 聚氯乙烯绝缘电缆空气中敷设时允许载流量（A）

绝缘类型		聚氯乙烯		
护套		无钢铠护套		
电缆导体最高工作温度（℃）		70		
电缆芯数		单芯	二芯	三芯或四芯
电缆导体截面积（mm^2）	25	95	79	69
	35	115	95	82
	50	147	121	104
	70	179	147	129
	95	221	181	155
	120	257	211	181
	150	294	242	211
	185	340	—	246
	240	410	—	294
	300	473	—	328
环境温度（℃）		40		

注　1. 适用于铝芯电缆，铜芯电缆的允许持续载流量可乘以 1.29。

2. 单芯只适用于直流。

3.5.5 载流导体的校验

1. 硬导体截面的校验

（1）短路热稳定校验。计及集肤效应的影响时，硬导体热稳定的验算式为

$$S \geqslant \frac{\sqrt{Q_k K_f}}{C} \tag{3-30}$$

式中：S 为导体的载流截面积，mm^2；Q_k 为短路电流的热效应，$A^2 \cdot s$；K_f 为集肤效应系数；C 为热稳定系数。

一般而言，铜导体的热稳定系数高于铝导体，且铜导体短路时导体最高允许温度较铝导体高，热稳定性能更好。导体的热稳定系数也同导体短路前的工作温度有关，导体短路前工作温度越高，热稳定系数越低。

（2）短路动稳定校验。硬导体通常都安装在支柱绝缘子上，短路冲击电流产生的电动力将使导体发生弯曲，因此导体应按弯曲情况进行应力计算。

1）单条矩形导体的机械应力计算。单条矩形导体在三相系统平行布置时，受到的相间最大应力 σ_{x-x}

$$\sigma_{x-x} = \frac{M}{W} = \frac{Fl^2}{10W} \tag{3-31}$$

式中：M 为导体所受的最大弯矩，通常取 $M = Fl^2/10$，$N \cdot m$；F 为单位长度导体上所受相间电动力，N/m，计算方法见 3.5.1 小节相关内容；l 为导体支柱绝缘子间的跨距，m；W 为导体对垂直于作用力方向轴的截面系数，不同形状和布置的母线的截面系数取值见表 3-27。

2）多条矩形导体的机械应力计算。多条矩形导体的机械应力，除了导体相间的作用应力 σ_{x-x} 以外，还有同相导体间的机械应力 σ_x。

$$\begin{aligned} \sigma &= \sigma_{x-x} + \sigma_x \\ \sigma_x &= \frac{M_x}{W} = \frac{F_x l_x^2}{12W} = \frac{F_x l_x^2}{2hb^2} \end{aligned} \tag{3-32}$$

式中：相间作用力 σ_{x-x} 的计算方法同单条导体相同；F_x 为单位长度导体条间

电动力，N/m；l_x 为导体条间的临界跨距。

表 3-27　　不同形状和布置的母线的截面系数

母线布置草图及其截面形状	截面系数 W
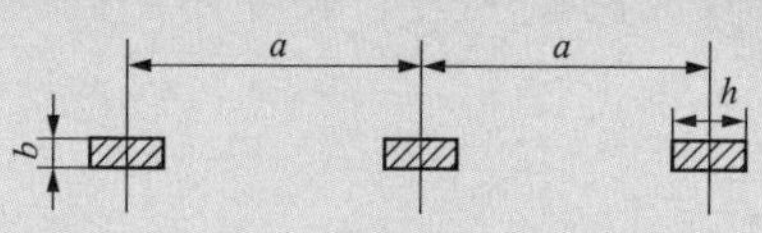	$\frac{1}{6}bh^2$
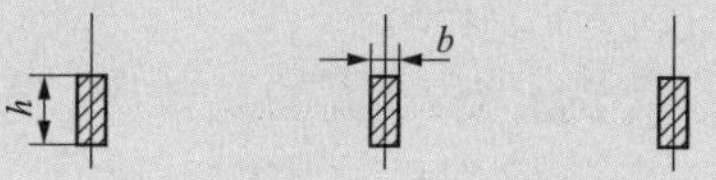	$\frac{1}{6}hb^2$

注　a 为导体相间距离；h 为矩形导体高度；b 为矩形导体宽度。

同相由双条导体组成时，有

$$F_x = 2.55k_{12}\frac{i_{ch}^2}{b}\times10^{-8} \tag{3-33}$$

同相由三条导体组成时，有

$$F_x = 0.8(k_{12}+k_{13})\frac{i_{ch}^2}{b}\times10^{-8} \tag{3-34}$$

式中：k_{12}、k_{13} 分别为第 1 条导体与第 2 条导体、第 1 条导体与第 3 条导体的形状系数，与导体的截面尺寸和同相导体间距有关；i_{ch} 为三相短路冲击电流。

2. 软导线截面的校验

（1）短路热稳定校验。短路热稳定要求的导线最小截面计算方法与硬导体相同，见式（3-30）。

（2）电晕电压校验。110kV 及以上电压等级导线均应以当地气象条件下晴天不出现全面电晕为控制条件，使导线安装处的额定电压小于临界电晕电压，即

$$U_N \leqslant U_0 \tag{3-35}$$

式中：U_N 为额定电压；U_0 为电晕临界电压，它与导体表面粗糙系数、天气、空气密度以及导线的类型及布置方式有关。

一般而言，导体表面越粗糙、阴雨天气、空气密度越低时，导体电晕临

界电压越低，更容易出现电晕放电现象。采用分裂导线及增加导线相间距离等措施可以提高导线的电晕临界电压。

通常情况下，海拔高度不超过1000m，在常用相间距离情况下，可不进行电晕校验的最小导体型号及外径见表3-28。

表3-28　可不进行电晕校验的最小导体型号及外径

电压（kV）	110	220	330	500	750	1000
软导线型号（子导线外径，mm）	JG-70（11.4）	JG-300（23.76）	LGKK-600（51）	2×JL/G-300（23.76）	2×LGKK-600（51）	3×JL/G-500（30）
管型导体外径（mm）	20	30	40	60	200	200

3. 电缆截面的校验

（1）短路热稳定校验。电缆短路热稳定的校验方法与硬导体基本相同，但是其热稳定系数 C 计算过程有一定差异，具体可参照GB 50217—2018《电力工程电缆设计标准》中的规定进行计算。除电缆线芯材质、导体工作温度及环境温度外，电缆的热稳定系数还与电缆类型、电缆导体的充填物有关。

（2）允许电压降校验。对于供电距离较远、容量较大的电缆线路，应校验其电压损失。电压损失一般不应超过5%。电缆线路的电压损失计算方法如下：

1）三相交流，为

$$\Delta U\% = \frac{173}{U} I_{\mathrm{w}} L(r\cos\varphi + x\sin\varphi) \tag{3-36}$$

式中：U 为线路工作电压，三相为线电压，单相为相电压，V；I_{w} 为计算工作电流；L 为线路长度，km；r 为电缆单位长度电阻，Ω/km；x 为电缆单位长度电抗，Ω/km；$\cos\varphi$ 为功率因数。

2）单相交流，为

$$\Delta U\% = \frac{200}{U} I_{\mathrm{w}} L(r\cos\varphi + x\sin\varphi) \tag{3-37}$$

3）单相直流，为

$$\Delta U\% = \frac{200}{U} I_{\mathrm{w}} LR \tag{3-38}$$

由上式可知，同等输送距离的条件下，电缆工作的电压越高、工作电流越大，电压损失越低。电缆的工作电压及工作电流是由电网网架结构及运行方式决定。电缆型号相同的情况下，一般单位长度电阻较单位长度电抗要小，所以通过使用较大截面电缆、提高功率因数等措施也可以降低电缆线路的电压损失。

3.5.6 上海典型导体举例

1. 变电站内常用导体

上海变电站内常用导体根据变电站布置方式的不同有所区别。

绝大部分 500kV 及以上电压等级变电站及部分远离市区的 220kV 变电站采用户外布置形式，其配电装置一般采用装配式。高、中电压侧母线一般采用管形母线，各支路通过软导线与母线及设备连接。低压侧回路一般采用矩形母线。导体选型一般依据本节的内容通过载流量计算并进行热、动稳定校验决定。

部分 220kV 变电站及绝大部分 110kV 及以下变电站位于市区，一般采用户内变电站的形式，导体一般布置于成套配电装置内，具体由成套配电装置的厂家根据配电装置运行的额定电流、短路条件等确定。配电装置与站内设备的连接一般采用电缆，电缆截面的选择一般通过载流量确定，并进行热稳定的校验。上海新建 110 ~ 220kV 电压等级变电站内常用导体见表 3-29。

表 3-29　　上海新建 110 ~ 220kV 电压等级变电站内常用导体

导体类型	导体型号	用途
硬铜母线	TMY-125×10	主要用于 35kV 配电装置的主母线（一般每相双条）
	TMY-80×8	一般用于站内无功补偿设备的引接，因电缆无法与隔离开关、避雷器等设备直接连接
	TMY-63×6	主要用于 110kV 变电站低压侧中性点引出，后转电缆引至接地电阻

续表

导体类型	导体型号	用途
软导线	JLG1A-400/35 JLG1A-240/30	一般用于主变高、中压侧中性点引出
电缆	YJLW03-1 × 800 YJLW03-1 × 630	用于主变高压侧进线电缆，一般 220kV 选用 800mm^2 截面，110kV 选用 630mm^2 截面
	YJLW03-1 × 1200 YJLW03-1 × 1600	用于主变中压侧引出
	ZA-YJV-35 3 × 400 ZA-YJV-10 3 × 240	一般用于无功补偿设备的连接
	ZA-YJV-35 3 × 240 ZA-YJV-10 3 × 120	一般用于站用变压器、接地变压器的连接

2. 输电线路常用导体

上海输电线路采用架空软导线以及电缆，一般市中心城区、五大新城等重点区域采用电缆形式，市郊区、省界联络等采用架空软导线的形式。

架空软导线根据线路电压等级、输送容量的不同选用分裂导线、扩径导线及钢芯铝绞线，部分科技项目落地、示范型线路也采用了碳纤维、耐热铝合金导线。

电缆一般采用交联聚乙烯电缆，也有部分地区早期敷设的电缆为充油式电缆，因火灾隐患较高，现已逐渐淘汰。敷设条件不同时电缆类型选择也有差异，直埋时应采用铠装电缆，穿排管时一般采用无铠装电缆。铠装电缆的弯曲半径更大，穿管敷设时施工难度更大。

根据《上海电网规划设计技术导则（试行）》（2014 版）规定，上海典型输电线路导体截面见表 3-30。

表 3-30 上海典型输电线路导体截面

电压等级（kV）	架空线截面选择（mm²）	电缆截面选择（mm²）
500	4×400 4×630 4×720 6×630	1*2500
220	2×400 2×630 4×630	1*630 1*800 1*100 1*1200 1*1600 1*2500
110	240 400	1*400 1*630 1*800 1*1000
35	185 ~ 400	3*240 3*400 1*630

3.6 无功补偿装置

3.6.1 无功补偿装置分类与功能

无功补偿装置可分为两大类，即串联补偿装置和并联补偿装置，其详细分类与功能见表 3-31。

表 3–31　　无功补偿装置的分类与功能

类型		功能
串联补偿装置	固定串联补偿装置	改善潮流分布，减少有功损耗；在 110kV 及以下电网中，用于减少线路电压降，降低受端电压波动，提高供电电压；在 220kV 及以上电网中，用于增强系统稳定性，提高输电能力
	可控串联补偿装置	
并联补偿装置	并联电容器装置	向电网提供可阶梯调节的容性无功，以补偿多余的感性无功，减少电网的有功损耗和提高电网电压；当兼顾滤波功能时，可给电网的谐波电流提供一个阻抗近似为零的通路，以降低母线谐波电压正弦波形畸变率，进一步提高电压质量
	并联电抗器装置（安装于主变低压侧，10 ~ 110kV）	向电网提供可阶梯调节的感性无功，以补偿电网的剩余容性无功，保证电压稳定在允许范围内
	并联电抗器装置（安装于主变高、中压侧母线或线路，220 ~ 1000kV）	并联于 220kV 及以上高压线路或母线上，固定（阶梯调节）补偿输电线路的充电功率，以降低系统的工频过电压水平，并兼有减少潜供电流、便于系统并网、提高送电可靠性等功能。按照容量是否可调，分为固定型与可控型两种
	静止无功补偿装置（SVC，Static Var Compensator）	向电网提供可快速无级连续调节的容性和感性无功的同时，降低电压波动和波形畸变率，进一步提高电压质量，并兼有减少有功损耗、提高系统稳定性、降低工频过电压的功能
	静止同步补偿器（STATCOM，Static Synchronous Compensator）/静止无功发生器（SVG，Static Var Generator）	
	调相机	向电网提供可无级连续调节的容性和感性无功，维持电网电压；并可以强励补偿容性无功，提高电网的稳定性

3.6.2 无功补偿装置选型

1. 串联补偿装置

110kV 及以下电网的串联补偿装置，目前主要用于解决偏远地区、薄弱电网，特别是配电网的无功功率不足及电压质量不合格问题，设置和安装原则相对高电压等级较为简单。10kV 及以下电压等级的小容量串联电容器组可直接装在地面或线路电杆上。110kV 及以下串联补偿装置很少应用于变电站中。

在 220kV 及以上电网中，一般将串补装置与线路中间的开关站或变电站合建在一起；当无中间开关站或变电站时，可将串补装置设置在线路两端的变电站中或单独设置串补站。

2. 并联补偿装置

在并联补偿装置中，除 220 ~ 1000kV 高压并联电抗器之外，无功补偿装置主要用来对电网的容性或感性无功功率进行调节。并联补偿装置有并联电容器装置、并联电抗器装置（10 ~ 110kV）、静止无功补偿装置、静止同步补偿器和调相机五种，其中并联电抗器装置仅提供感性无功功率，可与并联电容补偿装置组合使用。

选用何种类型的补偿装置需根据无功负荷的三要素（即无功负荷变化的频率、幅值和速率），以及根据工程实际情况进行技术经济比较结果决定。

一般来说，需优先选用经济性较优的低压并联电容器和低压并联电抗器。以下情况可以考虑采用动态无功补偿设备（SVC、STATCOM、调相机）的可行性：

（1）当电网局部动态无功储备不足时；

（2）远距离输电系统或局部薄弱电网地区；

（3）大规模新能源接入等需采用动态无功补偿设备抑制电压波动和闪变时。

当无功变化的频率为每小时数次，变化的幅值较小，变化的速率大于 1s（即由最小幅值变化到最大幅值需 1s 以上时间），同时需要提高系统稳定性、防止电压崩溃及装设大容量集中补偿，并且具有水冷却条件时，可选用调相机。

当无功变化的频率为每小时几十次，或变化的幅值较大（甚至无功符号改变），或变化的速率小于 1s 时，即需补偿的无功负荷成为“无功冲击负荷”时，优先选 SVC 或 STATCOM。STATCOM 是目前技术最先进的动态无功补偿设备，但由于 STATCOM 设备造价较高，故应用尚不普遍。

总体来说，无功补偿设备的类型较多，各有其适用的范围，一般根据实际工程进行技术经济比较后，选择合适的无功补偿装置类型。主要并联无功补偿装置的技术性能对比见表 3-32。

表 3–32 主要并联无功补偿装置的技术性能对比

主要技术性能	并联电容器、电抗器装置（10 ~ 110kV）	静止无功补偿装置	静止同步补偿器	调相机
无功调节范围（以额定容性无功“1”为基准单位）	并联电容器装置：1 ~ 0； 并联电抗器装置：0 ~ －1； 并联电容器、电抗器装置共同组成一个装置时，容性和感性无功的比例可任意组合和调节	容性和感性无功的比例可任意组合和调节	容性和感性无功的比例可任意组合和调节	1 ~ －0.5
装置本体的响应时间	手动投切时无此指标。自动投切时为自动装置动作时间与断路器的全分闸时间之和，为 0.05 ~ 0.1s；但是一般均为按组顺序投切	0.02 ~ 0.04s	＜ 0.01s	从正常无功功率至输出最大强励无功功率的时间约为 1.2s
调节性能	阶梯	无极	无极	无极
短时过载能力	无	无	有	有

续表

主要技术性能	并联电容器、电抗器装置（10 ~ 110kV）	静止无功补偿装置	静止同步补偿器	调相机
能否成为交流滤波装置以减少母线电压畸变	能	能	能	不能
限制工频过电压	不能	能	能	不能
能否产生线性或非线性谐振	能，但可消除	可能，但可消除	不易于电网阻抗发生谐振	不能
能否适应三相不平衡允许	能	能	能	不能
对系统短路电流的影响	并联电容器装置增加了短路电流，并联电抗器装置不增加	容性无功设备增加了短路电流	增加	增加
端电压下降时，无功功率减少的程度	无功输出与电压平方成正比	容性无功输出与电压平方成正比，感性无功输出与晶闸管开通角 α 成非线性关系；α 等于0°时，无功输出为0；α 等于180°时，无功输出为额定值	无功输出与电压平方成正比	电压下降5% ~ 10%时，无功输出不变；电压下降10%以上时，无功输出与电压成正比例下降；可以强励
除电气专业外的附属设备的多少	无	少，有晶闸管冷却系统	少，有电力电子器件冷却系统	多，有油、水系统
装置的特殊问题	噪声较小，并联电容器装置存在合闸涌流及操作过电压问题	噪声较小，电容器组操作的机会较少	噪声小	噪声大，有失步及自励磁危险
基建安全	可在户外或简易厂房内安装，安装简单，易扩建	可在户外或简易厂房内安装，安装简单，易扩建	可在户外或简易厂房内安装，安装简单，易扩建	一般需要厂房及起吊设备，安装复杂，不易扩建。即使户外安装，对其基础的要求也很严格

续表

主要技术性能	并联电容器、电抗器装置（10～110kV）	静止无功补偿装置	静止同步补偿器	调相机
占地	最小	较大	约为同容量 SVC 的 1/3	较大（大容量调相机占地面积比 SVC 小）
运行、维护、检修的难易度	最简单	较简单	较简单	复杂

（1）容性无功补偿容量的确定。变电站容性无功补偿容量应按照主变实际参数，结合线路及负荷侧无功预测综合考虑。补偿容量计算公式为

$$Q=\left(\frac{I_0\%+U_k\%\times r^2}{100}\right)S_N+d \tag{3-39}$$

式中：Q 为无功补偿容量，Mvar；$I_0\%$ 为变压器空载电流百分数；$U_k\%$ 为变压器短路电压百分数，对于三绕组变压器，取高中、高低、中低短路电压百分数的最大者；S_N 为变压器额定容量，MVA；r 为变压器运行最大电流与变压器额定电流之比（近似等于负载率），不能确定时取 1；d 针对不同电压等级，其含义为：

1）对于 330kV 及以上电压等级变电站，d 为输电线路输送容量较大时电网的无功缺额；

2）对于 220kV 电压等级变电站，d 为需要适当补偿的部分线路及需要兼顾的负荷侧的无功损耗预测；

3）对于 35 ～ 110kV 电压等级变电站，d 为适当兼顾的负荷侧无功补偿预测；

4）对于 10kV 及其他电压等级电网，d 的计算公式为

$$d=rS_N\cos\varphi_1\{\tan[\mathrm{arc}(\cos\varphi_1)]-\tan[\mathrm{arc}(\cos\varphi_2)]\} \tag{3-40}$$

式中：$\cos\varphi_1$ 为补偿前功率因数；$\cos\varphi_2$ 为补偿以后需要达到的功率因数。

（2）并联电容器装置。并联电容器按结构形式分为三大类，分别为电容

器单元、集合式电容器、箱式电容器。

1）电容器单元。电容器单元也称为单台电容器或壳式电容器，是电力系统中应用最为广泛、数量最多的电力电容器。它通常为油浸式，是将一个或多个电容器元件、绝缘件、连接件、内放电电阻、出线套管组装于同一个薄钢板制成的矩形外壳中的组装体。与集合式和箱式高电压并联电容器相比，电容器单元单台容量、体积和质量均较小，可根据实际需要组成不同容量、不同电压等级的框架式并联电容器组。另外，其质量轻、体积小，电容器中各种零部件标准化程度高，适合于批量生产，且质量稳定、经济性好，是目前国内外高压并联电容器的主流结构形式。电容器单元外形及内部结构如图3-15所示。

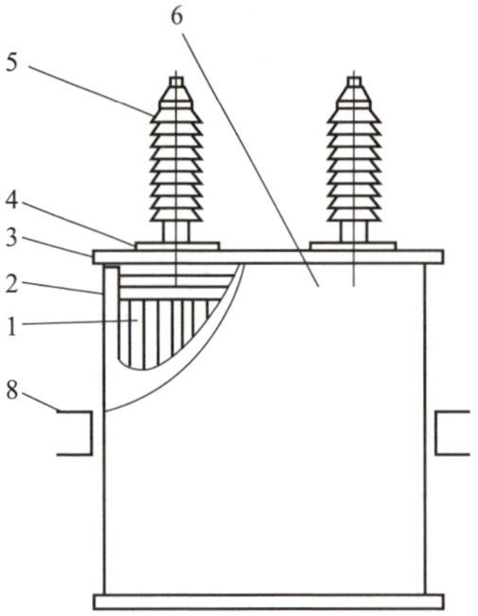

（a）内部元件立放结构

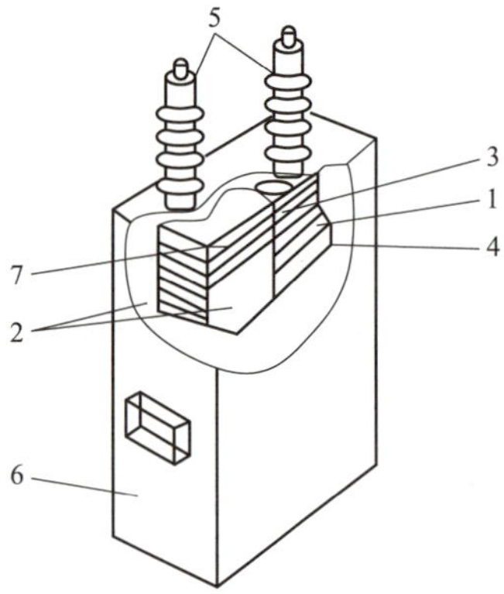

（b）内部元件平放结构

图3-15　电容器单元外形及内部结构示意图

1—元件；2—绝缘件；3—连接件；4—放电电阻；5—套管；
6—箱壳；7—内熔丝；8—吊攀

2）集合式电容器。集合式电容器是一种只有在我国大量生产和使用的电容器，是将多个内部电容器单元集装于一个厚钢板制成的容器（或油箱）中构成的特大容量电容器。集合式电容器结构如图3-16所示。集合式电容器的主要特点是运行安全可靠、维护方便、投运率极高。

3）箱式电容器。箱式电容器是由无内熔断器的元件、绝缘件、紧固件组成芯子，由一个或数个芯子和连接件等组成的整体，装于一个油箱构成特大容量的高压并联电容器。箱式电容器结构如图 3-17 所示。与集合式不同的是箱式电容器内部是多个电容器芯子，而集合式内部是多个电容器单元。箱式电容器的特点是单台容量大、电压等级高、占地面积小，较适合用于用地紧张的地区。其内部结构复杂、对原材料质量、加工工艺要求较高，相应的成本和价格较高。

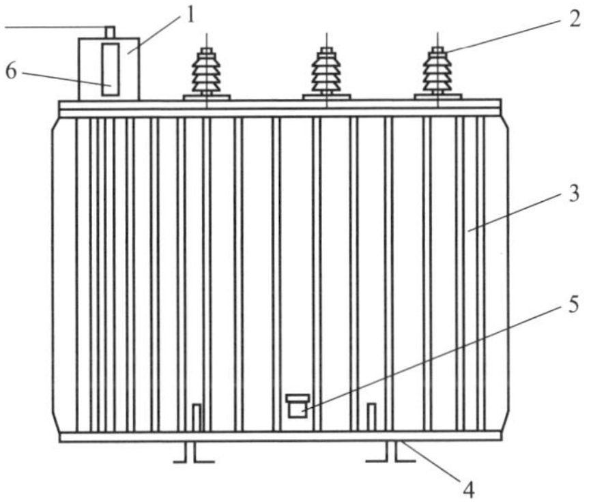

图 3–16　集合式电容器结构示意图

1—储油柜；2—出线套管；3—箱体；4—脚；5—放油阀；6—油位计

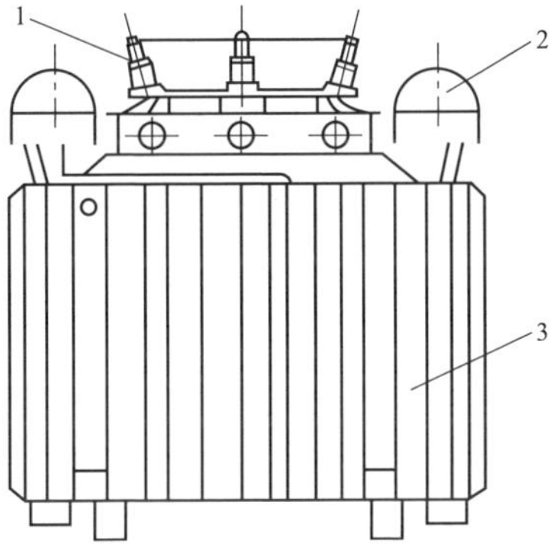

图 3–17　箱式电容器结构示意图

1—出线套管；2—油补偿器；3—箱体

并联电容补偿装置投入电网后，可能会发生电网谐波放大现象。影响电网谐波放大现象的因素较为复杂，与系统短路阻抗、电容器容量及谐波次数均有关系，从具体计算角度出发很难对并联电容补偿装置投入后对电网的谐波电压、电流的放大情况进行分析。

为避免并联电容补偿装置放大电网谐波现象，目前较常应用的措施是在电容器支路中串联电抗器。

（3）并联电抗器装置。高压并联电抗器的作用有：

1）削弱空载或轻负荷线路中的电容效应，降低工频暂态过电压，并进而限制操作过电压的幅值。

2）改善沿线电压分布，提高负荷线路中的母线电压，增加系统稳定性及送电能力。

3）改善轻负荷线路中的无功分布，降低有功损耗，提高送电效率。

4）降低系统工频稳态电压，便于系统同期并列。

5）有利于消除同步电机带空载长线时可能出现的自励磁谐振现象。

6）采用电抗器中性点经小电抗接地的办法补偿线路相间及相对地电容，加速潜供电弧自灭；有利于单相快速重合闸的实现。

为了无功平衡的目的，当高压并联电抗器的安装容量不能满足要求时，可在变电站内交流部分较低电压等级安装并联电抗器。

低压并联电抗器可采用干式空心、干式铁心式和油浸式铁芯电抗器三种，具体应通过技术经济比较以及运行单位意见进行确定。

干式空心电抗器的优点是无油、噪声小、磁化特性好、机械强度高，适合室外安装。由于结构简单、价格低等优势在国内获得广泛应用，目前已有二十多年的运行历史。

干式铁芯电抗器具有无油、体积小、漏磁较小的特点。其防电磁感应效果优于干式空心电抗器，安装在室内时对电气二次弱电设备影响小。

油浸式铁芯电抗器损耗小、价格较高，通常为三相共体式结构，具有体积小、安装简单、占地少的优点，室内外安装均可。油浸式铁芯并联电抗器在运行稳定性、损耗、占地面积、漏磁、在线监测等多方面虽拥有较大优势，但因其造价高，初期投资大，在国内北方地区应用较少，往往更适合在湿度大、盐雾多的沿海地区应用。

（4）SVC 和 SVG。SVC、SVG 与固定式无功补偿装置相比，具有响应速度快、可进行无级调节等优点。

SVC、SVG 的作用原理不同。SVC 通过电力电子元件来控制接入系统无功补偿的容量来实现无功动态调节；SVG 则通过电力电子元件组成桥式电路直接对交流测电压及电流进行调节来迅速吸收或发出无功功率。

在对静止无功补偿装置选型时，需根据系统所需的无功容量对其容量进行选择。由于电力电子元件工作对温度要求较高，选型时还需根据场地条件选择合适的冷却方式。

3.6.3 无功补偿装置通用设备成果

根据《国家电网有限公司输变电工程通用设备（2018 年版）》，并联电容器成套装置共有 20 种通用设备，涵盖了 10 ~ 66kV 电压等级，见表 3-33。

表 3–33　　并联电容器成套装置通用设备一览表

序号	电压等级（kV）	设备编号	单组容量（Mvar）	单台容量（kvar）	额定电抗率（%）	结构形式	适用海拔（m）
1	66	CC-K-20	20	417	5/12	框架式	≤ 1000
2		CC-K-60	60	500			≤ 2500
3		CC-K-90	90	500			≤ 3000
4		CC-K-120	120	500			≤ 2000
5		CC-H-60	60	20000		集合式	≤ 1000
6	35	BC-K-10	10	417	5/12	框架式	≤ 5000
7		BC-K-15	15	417			≤ 5000
8		BC-K-20	20	417			≤ 3000
9		BC-K-30	30	500			≤ 3000
10		BC-K-40	40	417			≤ 4000
11		BC-K-60	60	500			≤ 4000
12		BC-H-60	60	20000		集合式	≤ 4000

续表

序号	电压等级（kV）	设备编号	单组容量（Mvar）	单台容量（kvar）	额定电抗率（%）	结构形式	适用海拔（m）
13	10	AC-K-1	1	334	1/5/12	框架式	≤ 5000
14		AC-K-2	2	334			
15		AC-K-3	3	334			
16		AC-K-4	4	334			
17		AC-K-5	5	334			
18		AC-K-6	6	334			
19		AC-K-8	8	334	5/12		
20		AC-K-10	10	417			

并联电容器成套装置通用设备编号说明如图 3-18 所示。

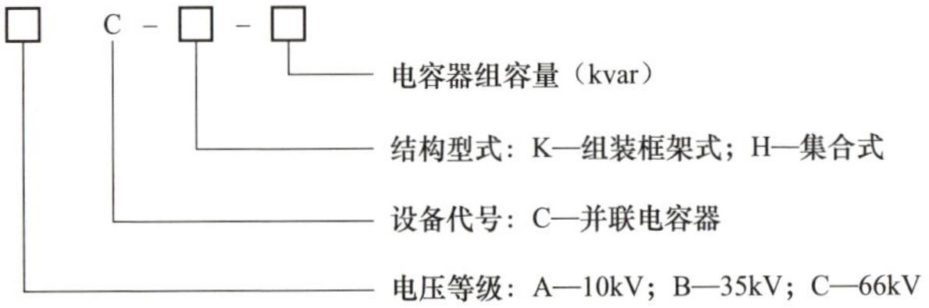

图 3-18　并联电容器成套装置通用设备编号说明

根据《国家电网有限公司输变电工程通用设备（2018 年版）》，低压并联电抗器共有 15 种通用设备，涵盖了 10 ～ 66kV 电压等级，见表 3-34。

表 3-34　　低压并联电抗器通用设备一览表

序号	电压等级（kV）	设备编号	额定容量（Mvar）	结构形式	适用海拔（m）
1	66	CL-DN1-20	20	单相干式空心	≤ 1000
2		CL-DN1-30	30		≤ 2500
3		CL-DN1-40	40		≤ 3000
4		CL-OF3-60	60	三相油浸式	≤ 2000

续表

序号	电压等级（kV）	设备编号	额定容量（Mvar）	结构形式	适用海拔（m）
5	35	BL-DN1-3	3.33	单相干式空心	≤ 1000
6		BL-DN1-10	10		≤ 5000
7		BL-DN1-15	15		≤ 5000
8		BL-DN1-20	20		≤ 3000
9		BL-OF3-10	10	三相油浸式	≤ 3000
10		BL-OF3-20	20		≤ 4000
11		BL-OF3-45	45		≤ 4000
12		BL-OF3-60	60		≤ 4000
13	10	AL-DF3-6	6	三相干式铁心	≤ 5000
14		AL-DF3-10	10	三相干式铁心	
15		AL-DN1-3	3.33	单相干式空心	

低压并联电抗器通用设备编号说明如图 3-19 所示。

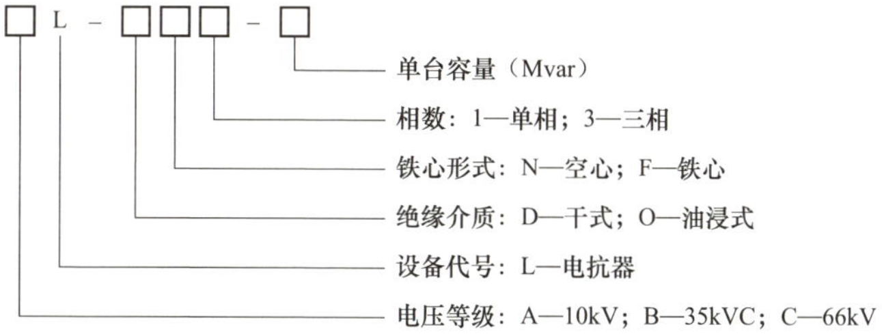

图 3-19　低压并联电抗器通用设备编号说明

3.6.4　上海无功配置原则及典型方案

上海无功补偿的配置原则主要依据 Q/GDW 10738—2020《配电网规划设计技术导则》、Q/GDW 156—2006《城市电力网规划设计导则》、Q/GDW 1212—2015《电力系统无功补偿配置技术导则》以及《上海电网规划设计技术导则（试行）》（2014 版）中的有关规定。各设计技术导则对于无功的配置规定基本一致，主要内容如下。

220kV 变电站可在变压器专用中压侧或低压侧配置并联电容器（电抗器），使高峰负荷时变压器 220kV 侧功率因数达到 0.95 以上；电容器容量应经计算确定，一般可取主变容量的 12% ~ 20%。

35 ~ 110kV 变电站一般在变压器低压侧配置并联电容器，使高峰负荷时变压器高压侧的功率因数达到 0.95 以上；电容器容量应经计算确定，一般可取主变容量的 10% ~ 16.7%。

对于高电压长距离架空或电缆线路，若电容电流大于一定数值，应考虑装设并联电抗器，以补偿由线路电容产生的无功功率并限制工频过电压，并联电抗器容量应经计算确定。

上海变电站无功补偿配置原则见表 3-35。

表 3–35　　上海变电站无功补偿配置原则

变电站高压侧电压（kV）	变电站中低压侧出线功率因数 $\cos\varphi$	无功补偿配置原则
500	未作规定	每台主变应配置不少于 2 组电容器（或动态无功装置）或预留位置； 电抗器容量不宜低于 500kV 线路充电功率的 100%，有条件情况下可适当提高补偿度
220	0.95 ~ 0.98	装设电容器组的容量为主变容量的 12% ~ 20%； 220kV 电缆进线的终端站应装设低压电抗器，有条件情况下可适当补偿 110kV 出线电缆的充电功率； 所配置电抗器和电容器的总量不宜超过主变容量的 20%
110 35	0.90 ~ 0.98	装设电容器组的容量为主变容量的 12% ~ 16.7%，进出线大量采用电缆的变电站也可配置电抗器
10	0.85 ~ 0.98	装设电容器组的容量为配电变压器容量的 15% ~ 30%

1. 电缆无功充电功率

无功补偿装置的选型需考虑对线路电容产生的无功功率。运行中的线路，既是无功负荷也是无功电源。图 3-20 所示为线路 π 形等效电路图。

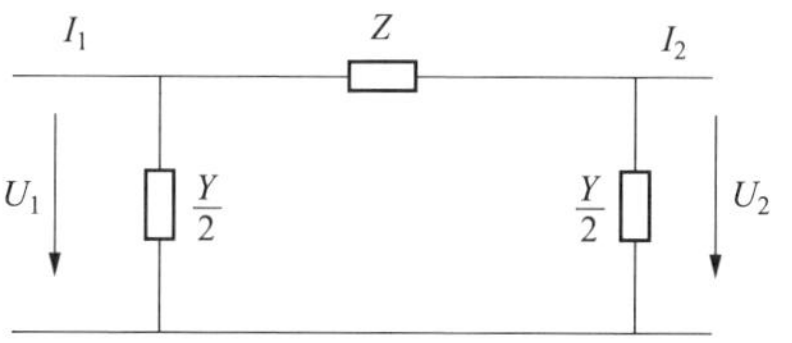

图 3-20 线路 π 形等效电路图

线路的无功充电功率 Q_c 为

$$Q_c = -\left(\frac{Y}{2}U_1^2 + \frac{Y}{2}U_2^2\right) \tag{3-41}$$

式中：Y 为线路的电纳；U_1、U_2 为线路两端的电压。

由于材料、物理结构以及铺设方式等方面的较大差异，电缆与架空线路相比对地电容更大，无功充电功率更高。电缆的充电功率与运行电压成正比，消耗的无功与导体流过的电流的平方成正比。

上海电网电缆化率较高，负荷低谷时系统消耗无功减少，大量富裕的无功充电功率会导致系统电压升高。根据《上海电网规划设计技术导则（试行）》（2014 版）中的建议，500kV 架空线路有较大的充电功率时，应配置具备分组投切功能的低压并联电抗器就地补偿，110kV 及以上电缆线路也可在低压 10kV 侧加装电抗器。

2. 上海典型无功配置方案

上海无功配置除按 3.6.4 小节中的原则配置外，根据国网公司通用设计方案，新建 220kV 变电站及 110kV 变电站无功配置方案为：

新建 220kV 变电站采用国网公司通用设计方案 220-A2-3 实施方案时，每台主变在 35kV 侧配置 1 组 20Mvar 电容器，一般采用 BC-K-20 并联电容器成套装置通用设备；配置 2 组 20Mvar 电抗器，一般采用 BL-OF3-20 并联电抗器通用设备。

新建 110kV 变电站采用国网公司通用设计方案 110-A2-7 实施方案时，每台主变在 10kV 侧配置 2/3 组电容器，50MVA 主变补偿容量为 7Mvar [（3+4）或（3+5）Mvar，主变容量的 14% ~ 16%）]，80Mvar 主变补偿容量为

12Mvar [(3+4+5) Mvar，主变容量的 15%)]。

由于上海电缆化率高，负荷低谷时 110kV 及以下电网会将盈余的无功倒送至 220kV 及以上电网，造成系统电压过限。为解决上述问题，上海现已推行在 110kV 变电站内加装低压并联电抗器以补偿电缆线路的充电功率，并联电抗器容量经过计算，并考虑设备通用性及变电站站址条件，一般为 5Mvar。

3.7 典型主设备选型案例

本节主要通过一个典型的变电站主设备选型案例进一步说明前述内容在工程中的实际应用。

某规划变电站站址位于上海市某工业园区旁，随着工业园区的开发建设，该变电站拟对园区范围内企业以及周边地区进行供电。该地区主要为一些高新技术企业，对供电可靠性要求较高。根据负荷预测结果，随着该地区负荷增长，未来 5 ~ 10 年约有 160MVA 的负荷缺口。

根据系统规划方案，拟在此新建一座 220kV 变电站，定位为中间站，电源来自周边其他 220kV 变电站。根据规划方案确定主变容量及其主接线形式见表 3-36。

表 3-36 规划变电站主变容量及主接线形式

主变容量		远期 3 台，容量 300MVA；本期 2 台，容量 240MVA
接线形式	220kV 侧	双母线接线，远期规划 8 回进出线；本期 4 回进出线
	110kV 侧	单母线分段接线，远期规划 15 回出线；本期 10 回出线
	35kV 侧	单母线分段环形接线，远期规划 30 回出线；本期 20 回出线

已知电源点 A 来自某 220kV 中心站，根据工程实际情况拟采用架空线路送电至本变电站；电源点 B 来自另一 220kV 中心站，根据工程实际情况拟采用架空—电缆混合线路送电至本变电站。

根据 3.3.5 节内容，系统短路水平按照 220kV：50kA，110kV：25kA，35kV：25kA 来控制。

1. 主变压器选型

根据电力系统规划方案，本期主变容量与台数选为：2 台 220kV 主变，容量为 240/240/120MVA。

变电站站址位置具备大型变压器运输条件，考虑经济合理性，主变采用三相油浸式变电器。变电站站区及周界无明显限制条件，变电站拟按全户内型布置，散热器与主变本体水平分体布置，主变布置于单独的主变室内，散热器室露天布置，冷却方式拟采用自然油循环风冷。

根据《上海电网规划设计技术导则（试行）》（2014 版），主变阻抗和电压调整方式选为：

（1）高压侧有载调压：220 ± 8 × 1.25%/115/37kV。

（2）阻抗电压百分比：高压—中压，14 ± 5%；高压—低压，23 ± 10%；中压—低压，8 ± 7.5%。

2. 开关电器 / 配电装置选型

为了节约占地面积、提高设备运行可靠性，站内各回路采用成套配电装置。220kV 及 110kV 配电装置拟采用 GIS，35kV 配电装置拟采用开关柜。

220kV 进出线回路根据系统潮流分布、并考虑系统 N–1 准则等特殊工况下的需求，结合上海短路电流控制条件，选取通用设备编号为 2GIS-4000/50，即额定电流为 4000A、额定开断电流为 50kA 的成套配电装置。

110kV 进出线回路可能存在的最大持续工作电流（主变回路，根据表 3-2 取 1.05 倍额定电流）为

$$I_{\max(110)}=\frac{1.05S_{\rm N}}{\sqrt{3}U_{\rm N}}=\frac{1.05\times 240000}{\sqrt{3}\times 110}=1322.7\ ({\rm A})$$

考虑短路电流控制水平以及国网公司通用设备类型，选取的 110kV 配电装置通用设备编号为 1GIS-3150/40，即额定电流为 3150A、额定开断电流为 40kA 的设备。

35kV 进出线回路可能存在的最大持续工作电流（主变回路，根据表 3-2 取 1.05 倍额定电流）为

$$I_{\max(35)}=\frac{1.05S_{\mathrm{N}}}{\sqrt{3}U_{\mathrm{N}}}=\frac{1.05\times120000}{\sqrt{3}\times35}=2078.5\,(\mathrm{A})$$

考虑短路电流控制水平以及国网公司通用设备类型，选取的 35kV 配电装置通用设备编号为 BKG-A-2500/25，即额定电流为 2500A、额定开断电流为 25kA 的设备。

3. 载流导体选型

根据系统潮流计算结果，220kV 进线最大持续工作电流 I_{w} 约为 1133.7A，选用电缆作为输电线路时，根据上海导体选用习惯，选用 YJLW03-1 × 800mm^2 截面的电缆（环境温度 40℃空气敷设时载流量约为 1227A，单位长度电缆电阻 r 按 0.045Ω、电抗 x 按 0.0889Ω 考虑）。

根据式（3-37）对线路电压降进行校验，功率因数 $\cos\varphi$ 取 0.95，电压降计算结果符合要求。

$$\begin{aligned}\Delta U\%&=\frac{200}{U}I_{\mathrm{w}}L(r\cos\varphi+x\sin\varphi)\\&=\frac{200}{220000}\times1133.7\times5\times(0.045\times0.95+0.0889\times0.312)=0.36(\%)\end{aligned}$$

选用架空线路作为输电线路时，根据上海导体选用习惯，选用 2 × 630mm^2 截面的架空导线。单根 JL/G 630/45 在 70℃时长期允许载流量为 1187A，采用双分裂导线时载流量满足要求。

110kV 进线最大持续工作电流为 1322.7A，选用电缆作为变电站内载流导体时，根据上海导体选用习惯，选用 YJLW03-1 × 1200mm^2 截面的电缆（环境温度 40℃空气敷设时载流量约为 1452A）。

35kV 进线最大持续工作电流为 2078.5A，根据上海导体选用习惯，选用两根 125mm × 10mm 硬铜母排作为载流导体。母排竖放时长期允许最大载流量为 4168A。

根据式（3-30）对导体进行热稳定校验，取短路热效应 Q_k 为 375kA^2 · s，导体集肤效应系数为 1.1，铜导体热稳定系数为 169，则有

$$S \geqslant \frac{\sqrt{Q_k K_f}}{C} = \frac{\sqrt{375 \times 10^6 \times 1.1}}{169} = 120(\text{mm}^2)$$

导体热稳定满足要求。

导体动稳定校验涉及具体的导体布置方案，根据 3.5.2 节中的内容以及电力工程设计手册中的公式进行校核，导体动稳定满足要求。

4. 无功补偿装置选型

根据式（3-39）进行计算，主变的无功损耗约为 25Mvar，考虑远期地区负荷增长及电缆线路充电功率，变电站每台主变需补偿约 20Mvar 容性无功。

根据上海无功补偿装置选用习惯及国网公司通用设备规定，拟在变电站内每台主变配置 1 组 BC-K-20 电容器，考虑到中低压侧站点的盈余电缆充电功率可能会倒送至高压侧，站内每台主变还配置 2 台 BL-OF3-20 电抗器，以消纳下级站点倒送的无功功率。

小结

本章介绍了主设备选型的一般原则及各类主设备的选型方法，并根据相关标准规范，列出了上海各类典型的主设备类型及参数。主设备选型需满足相应的技术条件、环境条件，在保证电网运行安全可靠的前提下尽可能地节约投资。

主设备选型需根据长期工作条件进行控制，应满足电网运行电压及所属回路工作电流的要求；短路情况下需校核主设备的热稳定、动稳定性，保证电气设备不因短路而发生故障。主设备选型还需与地区的环境条件相适应。

主变选型时，需要对其容量、台数、形式、阻抗和电压调整方式、冷却方式等进行确定，具体参数的确定需根据电网结构以及工程实际情况确定。

开关电器主要包括断路器、隔离开关、负荷开关及熔断器。开关电器类设备选型时主要对其额定电压、电流、开断电流能力（隔离开关除外）等进行确定。设备选型后，还需对设备进行热稳定及动稳定的校验。

成套配电装置是上海常采用的配电装置，根据电压等级及变电站所属区位选用不同类型的成套配电装置。其余设备参数的确定过程同开关电器类设备类似。

载流导体主要包括硬导体、软导线及电缆。导体性能根据其构成材质及截面的形式而有所不同。对导体进行选型时，首先应根据回路持续工作电流或经济电流密度确定导体的材质及截面参数，然后对导体进行热稳定、动稳定（硬导体）的校验。

无功补偿装置包括串联补偿装置及并联补偿装置，不同类型的无功补偿装置的应用场景及选型原则有所不同，具体参数的确定需根据电网结构以及工程实际情况确定。

习题与思考题

3-1　简述电气设备选型时须考虑的环境条件。

3-2　简述校验设备短路热稳定所用的计算时间 t_k 的构成。

3-3　简述主变容量的确定取决于哪些因素。

3-4　变压器的阻抗是否越小越好？为什么？

3-5　从灭弧装置、切断能力两个方面简述断路器、隔离开关、负荷开关的特点。

3-6　为什么负荷开关切断空载变压器时准许开断电流比负荷开关额定开断电流小很多？

3-7　根据导体载流量计算公式，试述提高导体载流量的方法。

3-8　规格相同的导体在选择布置方式时，如何提高导体的热、动稳定性？

3-9　经济电流密度曲线中，经济电流密度随最大负荷利用时间增加而降低，为什么？

3-10　请简述无功补偿装置的作用。

3-11　为什么负荷低谷时期线路产生的无功功率更大？

3-12　除了加装并联电抗器外，还有什么方法能缓解电缆化率高地区电网的无功问题？

第4章 CHAPTER FOUR

变电站选址及线路选线

04

变电站选址及线路选线工作对变电站的顺利建成投运并发挥应有的经济社会效益有着十分重要的意义。本章详细介绍了变电站选址以及线路选线的相关原则及要求，并辅以实例以增进读者对相关概念的理解。同时还对架空线路、电缆的敷设和保护要求进行了阐述，较为全面地向读者呈现了变电站选址及线路选线的相关知识。

4.1 变电站选址

4.1.1 变电站定容

变电站定容是指变电站容量估算及新增变电站座数确定。依据网供负荷预测结果和容载比的取值范围，初步确定新增变电站的数量和容量。在变电站布点、网络接线结构布置等环节，还需进一步对变电站座数、容量进行优化和调整。

1. 容载比选择

容载比是电网规划的重要宏观指标，是指某一供电区域、同一电压等级电网的公用变电设备总容量与对应的总负荷（网供负荷）的比值，需要分电压等级计算。对于区域较大、负荷发展水平极度不平衡、负荷特性差异较大、分区最大负荷出现在不同季节的地区，应分区计算容载比。容载比计算公式为

$$R_{\mathrm{S}}=\frac{\Sigma S_{\mathrm{ei}}}{P_{\max}} \tag{4-1}$$

式中：R_{S} 为容载比；$P_{\max}$ 为该电压等级全网或供电区的年网供最大负荷，MW；ΣS_{ei} 为该电压等级全网或供电区内公用变电站主变容量之和，MVA。

容载比的确定要考虑负荷分散系数、平均功率因数、变压器负载率 、储备系数、负荷增长率等因数影响。容载比的选择对电网发展具有重要影响，取值过大将造成电网投资增加，设备利用率过低；取值过小会降低电网适应性，甚至影响安全可靠供电。根据 Q/GDW 10738—2020《配电网规划设计技术导则》，各电压等级电网容载比一般宜控制在 1.5 ~ 2.0，具体取值应依据负

荷增长情况，参照表 4-1 的推荐值选定。

表 4-1　各电压等级电网容载比选择范围

负荷增长情况		较慢增长	中等增长	较快增长
年负荷平均增长率（%）		小于 7	7 ~ 12	大于 12
容载比（%）	500kV 及以上	1.5 ~ 1.8	1.6 ~ 1.9	1.7 ~ 2.0
	220kV	1.6 ~ 1.9	1.7 ~ 2.0	1.8 ~ 2.1
	35 ~ 110kV	1.8 ~ 2.0	1.9 ~ 2.1	2.0 ~ 2.2

注　对于满足检修方式下 *N*–1 要求的地区，电网容载比可适当放宽。

对处于负荷发展初期以及负荷快速发展期的地区、重点开发区或负荷较为分散的偏远地区，可适当提高容载比的取值；对于网络发展完善（负荷发展已进入饱和期）或规划期内负荷明确的地区，在满足用电需求和可靠性要求的前提下，可以适当降低容载比的取值。

2. 新增变电容量估算

变电容量估算主要用于确定各电压等级变电设备的容量，规划期末的变电容量计算式为

$$S = PR_{\mathrm{S}} \tag{4-2}$$

式中：S 为规划期末某电压等级变电容量需求，MVA；P 为规划期末某电压等级最大网供负荷，MW；R_{S} 为规划期末的容载比。

新增变电容量计算式为

$$\Delta S = S - S_0 \tag{4-3}$$

式中：ΔS 为需新增变电容量，MVA；S_0 为基准年变电容量，MVA。

3. 变电站座数估算

在同一个区域（城市、区县）内，同一电压等级变电站单台变压器的容量规格应尽可能统一，一般要求不超过三种容量序列。上海 110kV 配电网推荐选取 80、50、31.5MVA。因此根据式（4-3）得到的新增变电容量 ΔS，可推算新增变电站的座数为

$$n=\begin{cases}\left[\dfrac{\Delta S}{S_N}\right], & \Delta S>0\\ 0, & \Delta S\leqslant 0\end{cases} \tag{4-4}$$

式中：n 为新增变电站的座数；S_N 为变电站的典型容量，MVA；[ ] 为向上取整计算。

变电站的典型容量 S_N 的选定，应结合该地区具有典型和代表意义的变电站典型配置，按照变压器台数和容量计算。新增变电站座数 n 着重反映地区变电站的建设需求，在变电站布点与设计过程中，还需对变电站座数进行优化和调整。

4.1.2 变电站选址原则

变电站选址需综合考虑未来负荷的时空分布、土地现状及未来规划使用情况、城乡规划整体布局和电网发展的要求；从而制定几个变电站选址方案，使地区高压配电网网架结构整体布局合理，变电站高低压各侧进出线方便；最后进行方案优选。变电站选址需要综合考虑变电站（含中压配电网）建设投资和运行费用，实现电网建设经济技术最优化。

变电站选址在城市建设中，还会受到落地困难以及跨越河流、湖泊、道路、铁路等因素的影响。站址应具有良好的地质条件，满足防洪、抗震等有关要求。同时应满足环境保护的要求，充分考虑与周围环境的相互影响，避开易燃、易爆及严重污染地区，避免或减轻对公用通信干扰和对景观及居住地的噪声影响；一般来说，对于 110kV 及以上的交流输变电设施需要进行专项环境影响评价和水土保持方案编制。此外还应考虑施工时设备材料、设备运输及运行、检修时交通方便，占地面积应考虑最终规模要求。

在已经掌握了地区控制性规划，并已开展空间预测的区域，变电站布点应针对水平年负荷需求开展。根据未来电源的布局和负荷分布、增长变化情况，以现有电网为基础，在满足负荷需求的条件下，参照区域城市建设布局，形成远景年变电站供电区域划分，并初步将变电站布点于负荷中心且便于进出线的位置。在多方案的基础上，开展技术经济测算，校验变电站布点方案的科学性和合理性，并根据测算结果对方案优化或选择。同时，需要兼顾电网建设时序，充分考虑电网过渡方案，并结合区域可靠性要求开展变电站故障情况下负荷转移分析。随着规划变电站站址的逐个落实，需对原布点方案进行调整、优化。

在尚未掌握地区控制性规划的区域，变电站布点应在现状电网基础上，充分考虑未来负荷发展需求，在规划水平年变电站座数基础上适度预留，并持续跟进城乡规划成果，及时更新变电站布点方案。

在确定变电站站址后，还需确定变电站的布置方式。变电站布置应重视节约占地和与周边环境的协调。变电站配电装置的选型应综合考虑节约占地、设备小型化无油化、提高可靠性、满足环保要求、协调景观和节省投资等各方面因素。按照建筑形式和电气设备布置方式，变电站分为户内、半户内和户外三种。

（1）户内变电站。户内变电站的主变、配电装置均为户内布置。为了减少占地面积，满足城市规划的要求，并与周边的环境相协调，可以考虑采用户内变电站。如有必要也可考虑与其他建筑物混合建设，或建设半地下、地下变电站；沿海或污染严重地区，宜采用全户内站。

（2）半户内变电站。半户内变电站的主变为户外布置，配电装置为户内布置。这种布置方式结合了全户内布置变电站节约占地面积、与周围环境协调美观、设备运行条件好，以及户外布置变电站工程造价低的优点。

（3）户外变电站。户外变电站的主变、配电装置均为户外布置。户外变电站设备占地面积大，一般适合于建设在郊区、农村等土地资源比较宽松的地方。

上海 35 ~ 500kV 变电站规划用地控制指标见表 4-2。

表 4-2　　上海 35 ~ 500kV 变电站规划用地控制指标

序号	电压等级（kV）	类型	主变容量（MVA/台）	变电站占地（长宽，m×m）	变电站用地面积（m^2）
1	500	户外	1000/4	265×345	91425
		户内	1500/3	200×100	20000
2	220	户外中间站	240/3	120×150	18000
		户外中心站	240/3	180×150	27000
		户内地上	240/3	150×100	15000
		地下	300/3	105×55	5775
3	110（户内站）	地上	50/3	60×40	2400
		地下	50/3	66×55	3630
4	35	地上	31.5/3	52×39	2028
		半地下	31.5/3	60×45	2700

注 1. 表中的用地面积为变电站围墙内所有设施的控制面积，消防道路宽度按 4m 考虑。
2. 表中的用地面积均不考虑变电站长边沿靠市政道路布置。
3. 35、110kV 变电站，变压器运输、吊装通道为 8 ~ 10m。
4. 表中的用地面积均不考虑绿化率，有绿化率要求时，应相应增加用地面积。
5. 当变电站的规模超过表中所列数值时，应根据实际情况另行考虑。
6. 在满足表中面积数据时，也要同时满足长和宽的要求，并兼顾线路走廊布置要求。
7. 表中 220kV 户内地上变电站按采取一种无功补偿形式设置用地控制指标，如需采用两种无功补偿形式，则相应增加用地面积。

变电站选址在考虑布局均衡的条件下尽量靠近负荷中心，且满足末端电压质量要求。符合城乡规划整体布局和电网发展的要求，使地区高压配电网网架结构整体布局合理。变电站高低压各侧进出线方便。占地面积应考虑最终规模要求。站址应具有良好的地质条件，满足防洪、抗震等有关要求。应满足环境保护的要求，充分考虑与周围环境的相互影响，避开易燃、易爆及严重污染地区，避免或减轻对公用通信干扰和对景观及居住地的噪声影响；一般来说，对于 110kV 及以上的交流输变电设施需要进行专项环境评估。此外还应考虑施工时设备材料、设备运输及运行、检修时交通方便。

4.1.3 变电站选址具体要求

一般来说，变电站选址应兼顾规划、建设、运行、施工等方面的要求。保证电力进出线通道畅通。各级变电站的站址选择均应注意节约用地，还应根据交通运输条件和变电站建设需要，方便进站道路引接和大件运输。站址应具有适宜的地址、地形和地貌条件；尽量避免选在有重要文物设施或开采后对变电站有影响的矿藏地点；无法避免时，需征得有关部门的同意。对于不同电压等级的变电站和地下变电站选址的具体要求如下。

1. 220 ~ 1000kV 变电站站址选择

（1）应根据电力系统规划设计的网络结构、负荷分布、城乡规划、征地拆迁等要求进行，通过技术经济比较和经济效益分析，选择最佳的站址方案。

（2）应按审定的本地区电力系统远景发展规划，满足出线条件要求，留出架空和电缆线路的出线走廊，避免或减少架空线路相互交叉跨越。架空线路终端塔的位置宜在站址选择规划时统一安排。

（3）应避开滑坡、泥石流、坍塌区和地震断裂地带等不良地质构造。宜避开溶洞、采空区、明和暗的河塘、岸边冲刷区、易发生滚石的地段，尽量避免或减少破坏林木和环境自然地貌。

（4）应满足防洪防涝的要求，否则应采取防洪及防涝措施。

（5）站址附近应有生产和生活用水的可靠水源。当采用地下水为水源时，应进行水文地质调查或勘探，并提出报告。

（6）站址周边应有满足变电站施工及站用电外接电源要求的可靠电源。

（7）站址选择时应注意变电站与邻近设施、周边环境的相互影响和协调，必要时应取得有关协议。站址距飞机场、导航台、地面卫星站、军事设施、通信设施以及易燃易爆等设施的距离应符合现行的国家标准的规定。

（8）站址不宜设在大气严重污秽地区和严重盐雾地区。必要时，应采取相应的防污染措施。

（9）站址的抗震设防烈度应符合 GB 18306—2015《中国地震动参数区划图》的规定。站址位于地震烈度区分界线附近难以正确判断时，应进行烈度复核，抗震设防烈度为 9 度及以上地区不宜建设 220 ~ 1000kV 变电站。

（10）站址选择时宜充分利用就近城镇的公共设施，为职工生活提供方便。

2. 35 ~ 110kV 变电站站址选择

35 ~ 110kV 变电站站址选择，应符合 GB 50187—2012《工业企业总平面设计规范》的有关规定，并应符合下列要求：

（1）应靠近负荷中心。

（2）应与城乡或工矿企业规划相协调，并应便于架空和电缆线路的引入和引出。

（3）周围环境宜无明显污秽；空气污秽时，站址宜设在受污染源影响最小处。

（4）变电站应避免与邻近设施之间的相互影响，应避开火灾、爆炸及其他敏感设施；与爆炸危险性气体区域邻近的变电站站址选择及其设计应符合相关国家标准中的规定。

（5）站址标高宜在 50 年一遇高水位上；无法避免时，站区应有可靠的防洪措施或与地区（工矿企业）的防洪标准相一致，并应高于内涝水位。

（6）变电站主体建筑应与周边环境相协调。以某城市居民小区旁边的甲变电站为例，说明主体建筑与周边环境的配合改造。甲变电站邻近城市别墅小区地块，采用主变和散热器分离结构，因此需要在变电站主体楼顶上方布置主变散热器。一般来说，其主体建筑建造形式如图 4-1（a）所示。甲变电站所邻近别墅小区建筑为地中海风格，如图 4-1（b）所示。考虑到与周边环境相协调，在别墅小区开发建设时，当地电力部门与开发商协商并达成一致，在满足变电站散热通风等技术要求的前提下，并经过技术经济比选，最终将甲变电站与周边环境相协调的建筑形式，如图 4-1（c）、（d）所示。

（a）一般变电站主体建筑正面图

（b）周边环境建筑图

（c）甲变电站主体建筑正面图

（d）甲变电站主体建筑侧面图

图 4–1　变电站主体建筑与周边环境图

3. 35 ~ 220kV 地下变电站站址选择

一般来说，只有在城市电力负荷集中，地上变电站建设受到限制的地区，才采用地下变电站的形式。地下变电站建设可结合城市绿地或运动场、停车场等地面设施独立建设地下变电站，也可结合其他工业或民用建（构）筑物共同建设地下变电站。地下变电站的电压等级一般为 35 ~ 220kV。近年来因负荷发展需要，在上海也出现了 500kV 的大型地下变电站。下述的选址具体要求主要针对 35 ~ 220kV 地下变电站，对于 500kV 地下变电站因情况较为特殊，在此不再赘述。

（1）地下变电站的站址选择应与城市市政规划部门紧密协调，统一规划地面道路、地下管线、电缆通道等，以便于变电站设备运输、吊装和电缆线路的引入与引出。

（2）站址应具有建设地下建筑的适宜的水文、地质条件（如避开地震断裂带、坍塌区等不良地质构造)。

(3)站址应避免选择在地上或地下有重要文物的地点。

(4)站址选择时应考虑变电站与周围环境、邻近设施的相互影响。

(5)需对站区外部设备运输道路的转弯半径、运输高度等限制条件进行校验。

4.1.4 变电站选址示例

1. 背景介绍

上海郊区某地规划建设一大型居住社区(以下简称甲社区),规划总用地面积约 509.48 万 m^2,总建筑面积(不含市政设施)约 581.05 万 m^2。甲社区远期土地使用规划图如图 4-2 所示。甲社区的功能定位为构建一个社会和谐、功能完善、交通便捷、生态宜居、活力繁荣的城市社区。以保障性住房为主,融合居住、教育、文化、娱乐、工作、自然等多种功能的混合功能引擎。

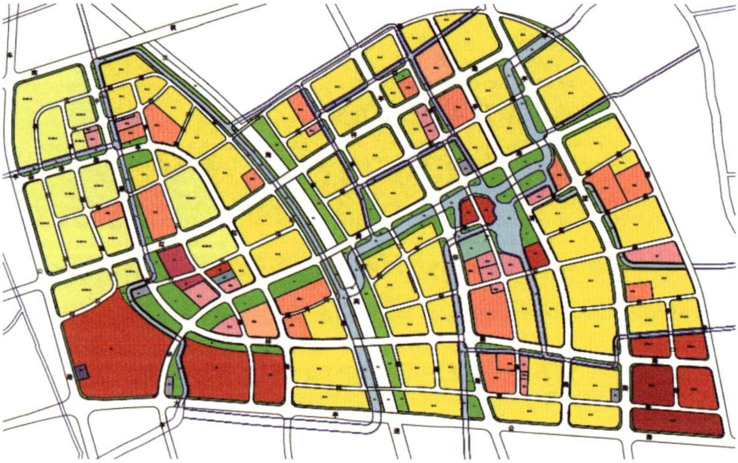

图 4-2 甲社区远期土地使用规划图

2. 负荷预测

为适应甲社区的发展与建设,使该地区未来具备良好的供电条件,促进地区顺利发展,需在该地区规划建设配套变电站等电力设施。欲确定甲社区远期所需变电站数量，须先对甲社区进行远期负荷预测。

根据甲社区的控制性详细规划所给出各个地块的用地面积，将甲社区分为 A、B、C、D 四个大区，采用负荷密度指标法对各个区块进行了远期负荷分布预测。各区块远期负荷预测结果见表 4-3，远期负荷分布具体情况如图 4-3 所示。

表 4–3　各区块远期负荷预测结果

分区	用地面积（万 m^2）	建筑面积（万 m^2）	负荷（MW）	
			低方案	高方案
A 区	76.53	104.28	39.12	42.78
B 区	94.97	113.86	47.63	52.03
C 区	88.36	125.4	51.64	55.65
D 区	150.66	237.52	99.74	108.05
道路用地	98.96	—	1.39	1.39
总计	509.48	581.05	239.51	259.90
总负荷（计及同时率 0.9）（MW）			215.56	233.90
负荷密度（MW/km^2）			42.31	45.91

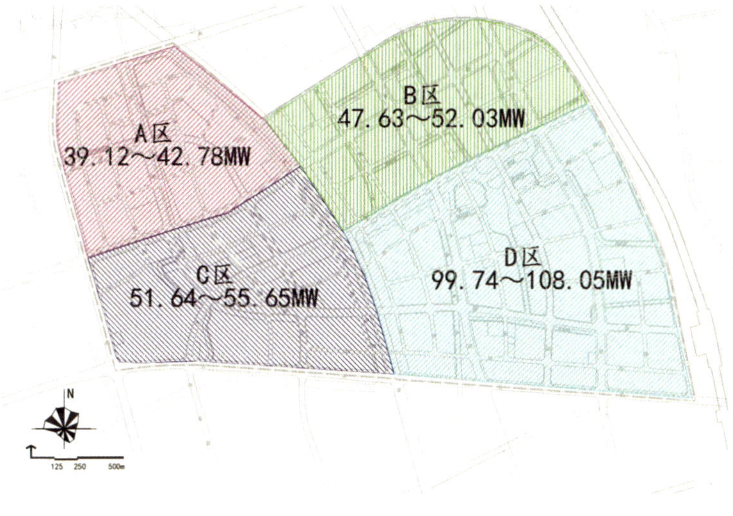

图 4–3　各区块远期负荷预测分布图

3. 变电站选址定容

目前，甲社区内无相关供配电设施。按照高压配电变电站选址及定容以及《上海电网规划设计技术导则（试行）》（2014 版）相关要求，并根据远期负荷分布预测结果，结合规划区的具体情况，提出以下远期高压配电变电站布点方案。

方案采用 110kV 供电电压，规划 110kV 变电站单台主变容量分别考虑为 31.5MVA 和 50MVA。根据规划区远期负荷预测和负荷分布的结果，在甲社区内需规划 3 座 110kV 变电站，其中 2 座主变容量为 3×50MVA，1 座主变容量为 3×31.5MVA，总配变容量为 394.5MVA。远期高压配电变电站相关指标见表 4-4。

表 4–4 远期高压配电变电站相关指标

变电站名称	变电站类型	容量（MVA）	所供负荷（MW）		主变负载率（%）	
			低方案	高方案	低方案	高方案
乙六站	规划	3×50	81.95	88.92	60.70	65.87
乙七站	规划	3×50	81.87	88.84	60.65	65.81
乙八站	规划	3×31.5	51.74	56.14	60.83	66.01
总计		394.5	215.56	233.90	60.71	65.88

根据 110kV 变电站选址相关要求，变电站应靠近负荷中心；各级变电站的站址选择均应注意节约用地；还应根据交通运输条件和变电站建设需要，方便进站道路引接和大件运输。应与城乡或工矿企业规划相协调，并应便于架空和电缆线路的引入和引出。综合上述要求以及甲社区控制性详规，乙六、乙七与乙八站布点如图 4-4 所示。

此外，根据《上海电网规划设计技术导则（试行）》（2014 版）相关要求，规划 110kV 变电站的用地面积应以（60×40）m^2 控制（包括消防通道），并满足相关政府部门规定的退界要求。针对上述情况，对各站站址进行了面积及退界要求校核，均满足相关要求。各站具体站址图如图 4-5 所示。

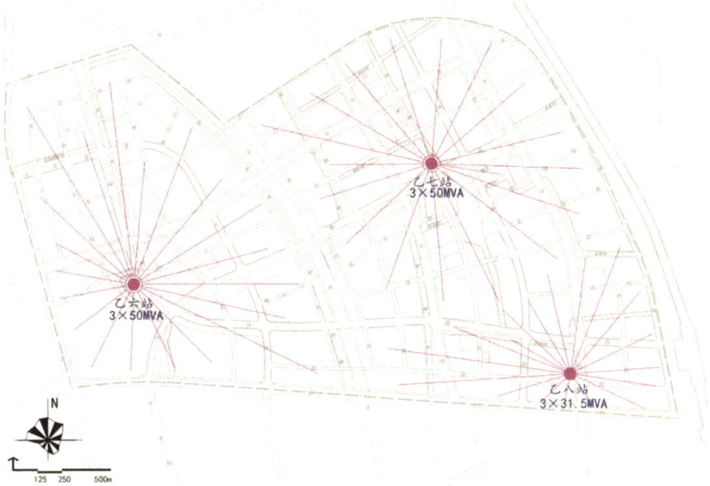

图 4-4　乙六、乙七与乙八站布点图

（a）乙六站

图 4-5　乙六、乙七与乙八站具体站址图（一）

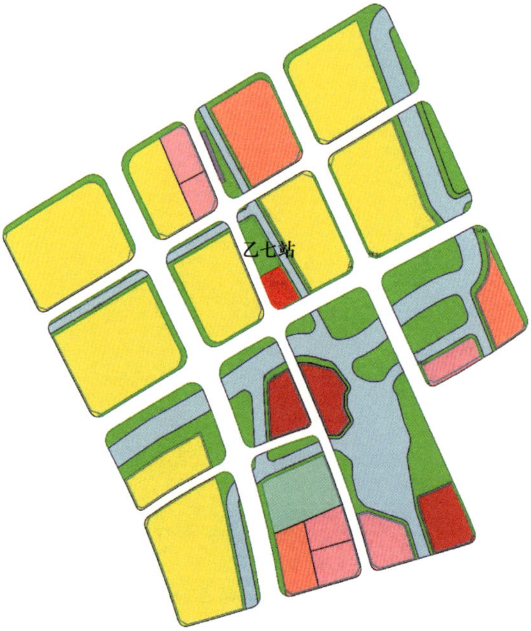

（b）乙七站

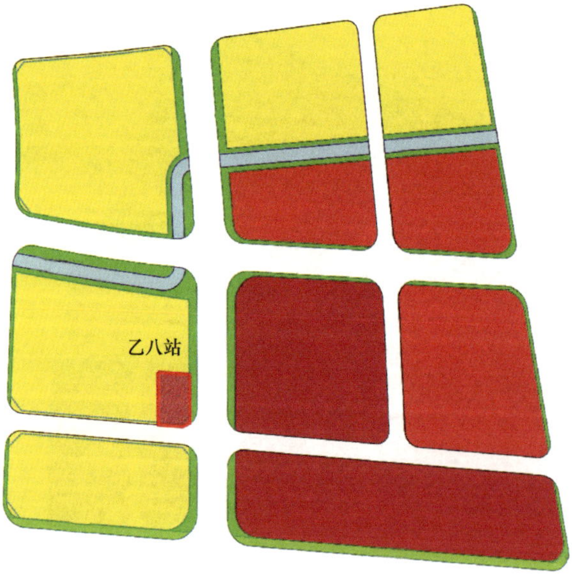

（c）乙八站

图 4–5　乙六、乙七与乙八站具体站址图（二）

4.2 电力线路选线

4.2.1 电力线路选线总体要求

电力线路选线是在线路的起、讫点间，综合考虑各种因素，选出技术经济合理的线路路径。电力线路选线是电网规划设计中的重要环节，也是电力基本建设工作的主要组成部分。

电力线路选线重点是解决线路走廊的可行性问题，避免出现技术上的颠覆性问题，因此一定要进行翔实的调查研究，全面掌握电力系统条件、城乡规划、地质、给排水、环境等原始资料。电力线路选线一般遵循下列总体要求：

（1）可用性。选择的线路走廊可以利用，避免基本农田保护区、自然保护区、文物保护区、矿山采空区、军事禁区等。

（2）合理性。技术和经济上都要合理，不因地形地质条件等大幅度增加土石方开挖和填埋量，避免产生巨量拆迁，避免引起社会矛盾。

（3）适应性。线路走廊规划应适应未来 10 ~ 20 年长远发展需要，远近结合，既要考虑近期建设合理，又要考虑远景适应性。

（4）协调性。注重于变电站系统条件（地位作用、接线方式和供电范围等）、政府土地政策、自然条件及交通运输等方面的协调统一。

4.2.2 电力线路选线分类

电力线路选线一般分为架空线路选线和电缆线路选线。由于架空线路比电缆线路无论从经济、技术上还是运维上都有许多优越性，因此，电缆方案只有在架空线路方案行不通时才宜使用。对于超高压、特高压输电线路，考虑到送电容量等技术经济因素，一般选用架空线路。对于配电线路，在线路通道受限或者地域特殊要求时，选用电缆线路。对于城网输电线路和各级配电线路，有下列情况可以采用电缆线路：

（1）依据城市规划，明确要求采用电缆线路的地区，以及对市容环境有特殊要求的地区；

（2）负荷密度高的市中心、建筑面积较大的新建居民住宅小区及高层建筑小区；

（3）走廊狭窄，架空线路难以通过而不能满足供电需求的地区；

（4）严重污秽地段；

（5）为供电可靠性要求较高的重要用户供电的线路；

（6）经过重点风景旅游区的区段；

（7）易受热带风暴侵袭的沿海地区主要城市的重要供电区域；

（8）电网结构或运行安全的特殊需要。

4.3 架空线路选线

4.3.1 架空线路选线原则

一般来说，架空线路选线需遵循以下原则：

（1）架空线路选线要遵守国家的相关政策和法律法规；

（2）尽可能满足长度较短、水文和地质条件较好且特殊跨越较少；

（3）尽可能减少对已有树林树木的砍伐；尽可能少占用农田，并且少拆迁房屋和其他类型的建筑物；

（4）尽可能避开地质复杂、基础施工挖方量大、地形复杂、排水量大和杆塔不稳定的地段；

（5）尽可能避开沿线交通不便利的地区，但不要因此造成线路长度的较大增加；

（6）在一些采掘业发展史较长的省份，要注意避开采空区，避免地面塌陷而危及架空输电线路的安全；

（7）尽量避免和同一河流或工程设施多次交叉。

架空线路选线的技术要点主要包括跨河点、转角点、山区 / 矿区 / 多气象区 / 严重覆冰地区选线的要求。

（1）跨河点。尽量避免水位较深的地段，选在河床平直、河道狭窄、河岸稳定且不受洪水掩埋的地段；尽量避免在河道弯曲处和直流入口处跨越河流；尽量避免在码头、泊船的地方、排洪道和旧河道处跨越河流；如果必须利用河漫滩、江心岛和河床架设杆塔时，应该进行全面的水文调查、工程地质勘探和断面测量。

（2）转角点。转角点适宜选在地势较低的平地或山麓缓坡上，同时考虑前后两杆塔位置的合理性。对于不利于利用直线杆塔（因间隙和上拔不足等原因）或原拟用耐张杆塔的地方，转角点的选择要尽量和耐张段长度结合在一起考虑。

（3）山区 / 矿区 / 多气象区 / 严重覆冰地区。山区路径的选择要尽量避免泥石流、滑坡、陡坡和不稳定岩堆等不良地质地段，尽量避免沿山坡走向和沿山区干河沟架线；当线路必须在矿区上架设时，应尽量在断层线或境界线上架设，同时确保两回线路分开架设或保持一定的距离；当线路必须穿越恶劣气象条件区域时，在满足规程的同时要尽量减少穿越长度，同时尽量避开山谷受风面、湖泊、河谷和沼泽等微气象区；认真调查已有线路和植物的覆冰情况、覆冰类型、季风风向和雪崩地段，避免在覆冰严重地段通过，避免出现大档距和在山峰附近的迎风面侧通过。

4.3.2 架空线路架设方式及要求

1. 架空线路架设方式

架空线路的架设方式一般主要有钢管杆、铁塔和水泥杆三种。

（1）钢管杆。钢管杆一般用于 35、110（66）、220kV 电压等级架空线路，适用于城市高负荷密度地区、环境景观要求较高以及线路路径走廊十分困难的地区。在高负荷密度地区和变电站出口，10kV 架空线路需要多回路并架时，也应选用钢管杆，如图 4-6 所示。

图 4–6 钢管杆实际造型图

（2）铁塔。铁塔一般用于 35、110（66）kV 及以上电压等级架空线路，适用于对线路走廊无特殊要求的地区，应用最为广泛。铁塔实际造型如图 4-7 所示

（3）水泥杆。水泥杆一般用于 35、10kV 电压等级架空线路。架空线路需要多回路并架时，不宜采用水泥杆。水泥杆实际造型如图 4-8 所示。

一般来说，架空线路杆塔的选择，应采用占地少的混凝土杆、钢管杆及自立式铁塔。110kV 及以上架空线路应优先采用钢管杆和窄基钢管塔。35kV

架空线路直线宜采用混凝土杆，小转角宜采用高强度混凝土杆，特高、大转角、耐张宜采用钢管杆或自立式铁塔。

图 4-7 铁塔实际造型图

图 4-8 水泥杆实际造型图

电力线路可同杆架设，做到“一杆多用”（含通信线等）和“一杆多回路”，但同杆架设电压等级不宜多于两种，且 10kV 及以下不宜与 220kV 及以上电压等级线路同杆架设，同杆 4 回路架设宜采用不同等级电压。

2. 架空线路架设的一般要求

架空线路应根据城市地形、地貌特点和城市道路规划要求，沿道路、河渠、绿化带架设。路径选择应做到短捷、顺直，减少与河道、道路、铁路的交叉。35kV 及以上高压线路应规划专用线路走廊。这里只介绍规划阶段需要考虑的线路敷设相关要求，具体包括：

（1）架空线路应沿道路平行敷设，宜避免通过各种起重机频繁活动地区和各种露天堆场；

（2）尽量减少与道路、铁路、河流、房屋以及其他架空线路的交叉跨越，不可避免的跨越点需适当提高建设标准；

（3）规划阶段，要充分考虑工程设计和施工阶段架空线路的导线与建筑物之间的距离、架空线路的导线与街道行道树间的距离；

（4）架空线路与铁路、道路、通航河流、管道、索道及各种架空线路交叉或接近时，规划阶段要充分考虑下一阶段设计的要求；

（5）架空线路下方为绿化树木时，架空线路增加杆塔高度，使导线对地距离大于 10m，减小树线矛盾。

此外，在市区高压架空电力线路一般采用占地较少的窄基杆塔和多回路同杆架设的紧凑型线路结构。为满足线路导线对地面和树木间的垂直距离，杆塔应适当增加高度、缩小档距，在最大计算弧垂情况下，架空电力线路导线与地面、行道树树干之间最小垂直距离，应符合表 4-5、表 4-6 所列距离。

表 4–5　在最大计算弧垂情况下架空电缆线路与地面最小垂直距离

线路经过地区	线路电压（kV）		
	＜1	1 ~ 10	35 ~ 110
居民地（m）	6	6.5	7.5
非居民地（m）	5	5	6
交通困难地区（m）	4	4.5	5

表 4-6　架空电力线路与行道树（考虑自然生长高度）之间最小垂直距离

线路电压等级（kV）	<1	1～10	35～110
最小垂直距离（m）	1	1.5	3

4.3.3　架空线路的保护要求

根据《电力设施保护条例》要求，任何单位或个人，不得从事下列危害电力线路设施的行为：①向电力线路设施射击；②向导线抛掷物体；③在架空电力线路导线两侧各 300m 的区域内放风筝；④擅自在导线上接用电气设备；⑤擅自攀登杆塔或在杆塔上架设电力线、通信线、广播线，安装广播喇叭；⑥利用杆塔、拉线作起重牵引地锚；⑦在杆塔、拉线上拴牲畜、悬挂物体、攀附农作物；⑧在杆塔、拉线基础的规定范围内取土、打桩、钻探、开挖或倾倒酸、碱、盐及其他有害化学物品；⑨在杆塔内（不含杆塔与杆塔之间）或杆塔与拉线之间修筑道路；⑩拆卸杆塔或拉线上的器材，移动、损坏永久性标志或标志牌。

此外，需在导线边线向外侧水平延伸并垂直于地面所形成的两平行面内的区域，设立架空电力线路保护区。在一般地区各级电压架空线的边线延伸距离见表 4-7。

表 4-7　各级电压架空线的边线延伸距离

线路电压等级（kV）	边线延伸距离（m）	线路电压等级（kV）	边线延伸距离（m）
1～10	5	154～330	15
35～110	10	500	20

在厂矿、城镇等人口密集地区，架空电力线路保护区的区域可略小于上述规定。但各级电压导线边线延伸的距离，不应小于导线边线在最大计算弧垂和最大计算风偏后的水平距离以及风偏后距建筑物的安全距离之和。

任何单位或个人在架空电力线路保护区内，不得堆放谷物、草料、垃圾、矿渣、易燃物、易爆物及其他影响安全供电的物品；不得烧窑、烧荒；不得兴建建筑物、构筑物；不得种植可能危及电力设施安全的植物。一般来说，塔基10m范围以内不准动土。

4.4 电缆线路选线

电缆线路选线就是从电源点至受电点之间从地下选出一条在技术、经济、运行维护上最合理的地下通道方案。电缆线路选线不但要满足近期工程的需要，而且要符合电力系统的规划与要求，敷设电缆用的土建设施宜按电网远景规划一次建成并适当留有裕度；同时应与城市总体规划相结合，与各种管线和其他市政设施统一安排，且应得到城市规划部门的认可。

4.4.1 电缆线路选线原则

电缆线路选线一般需遵循以下原则。

（1）新建电缆线路应符合安全经济和总体规划的原则。综合考虑路径长度、施工、运行和维修方便等因素，并符合下列基本要求：走廊合理、使用电缆较少；避免机械振动、化学腐蚀、电解腐蚀、避开避雷针接地极；尽量避开施工中或规划中的建筑物以及地下设施。

（2）电缆线路路径应与城市总体规划相结合，应与各种管线等其他市政设施统一安排，且征得城市规划部门认可。

（3）电缆跨越河流宜优先利用城市交通桥梁或交通隧道敷设。

（4）电缆敷设占用城市绿化带、广场、公园、河涌等时须征得其管理部门同意；电缆敷设路径与人行隧道、车行隧道、立交桥、地铁隧道等设施交叉时，须征得其管理部门或业主同意；电缆敷设路径占用市政道路之外的其他用地须征得业主同意。

（5）用于敷设电缆的地下设施或直埋敷设的电缆，不应平行设于其他管线的正上方或正下方。

4.4.2 电缆的敷设方式及要求

1. 电缆线路敷设方式

电缆敷设方式主要分为直埋、电缆沟、排管、隧道和水下五种。在工程实践中，500kV 电缆宜全线采用隧道敷设方式；电力隧道应在变电站和重要道路建设以及改造的前期工作中统一规划。110kV 及以上电缆应采用排管、隧道或专用电缆沟敷设方式。35kV 电缆不宜采用直埋敷设。直埋敷设适用于易于开挖的人行道下和建筑物的边沿地带，并宜采用钢带铠装电缆。电缆沟敷设方式不宜在城区范围内使用，仅适用于不能直埋且无机动车负荷的通道，如人行道、变（配）电站内、工厂厂区等。10kV 电缆宜采用排管或专用电缆沟敷设方式。

（1）直埋敷设方式。该方式是最经济和简便的方式，适用于人行道、公园绿化地带及公共建筑间的边缘地带，同路径敷设电缆在 4 条及以下时宜优先采用此方式，如图 4-9 所示。

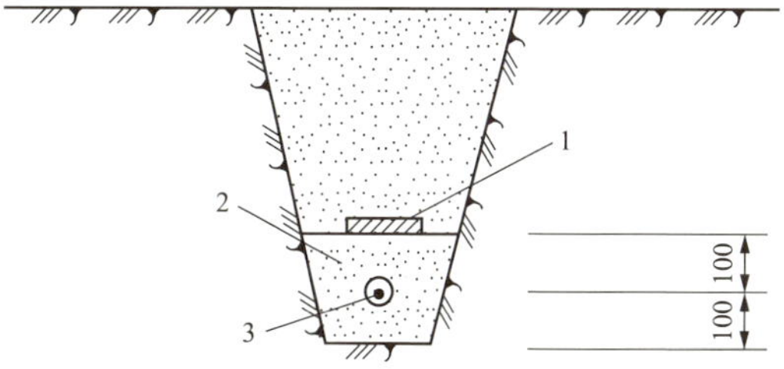

图 4-9　电缆直埋敷设方式（单位：mm）

1—盖板；2—细沙；3—电缆

（2）电缆沟敷设方式。该方式适合电缆不能直接埋入地下且地面无机动负荷的通道。电缆沟可根据实际情况按照双侧支架或单侧支架建设。电缆沟一般采用明沟盖板，当需要封闭时应考虑电缆敷设及管理的方便。沟道排水应顺畅、不积水。如图 4-10 所示。

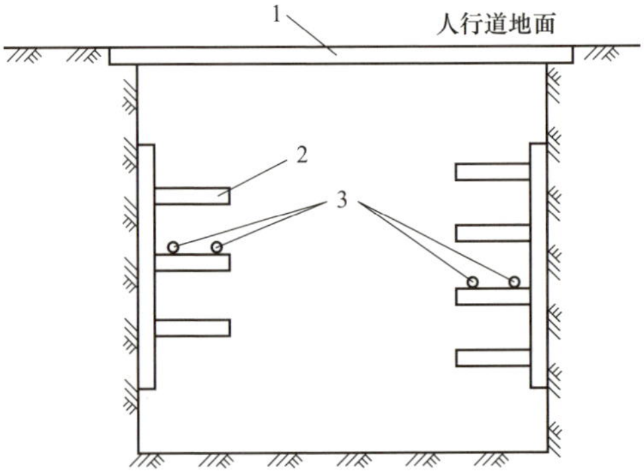

图 4–10　电缆沟敷设方式

1—盖板；2—支架；3—电缆

（3）排管敷设方式。排管敷设方式适用于敷设电缆条数较多且有机动车等重载的地段，如市区道路、穿越公路、穿越绿化地带等，如图 4-11 所示。主干排管的内径不应少于 150mm。排管选用应满足散热及耐压要求，排管在有可能地面负重处应采取混凝土浇筑，通过道路时应采用镀锌钢管。同路径电缆单排管敷设条数宜为 8 ~ 24 条。在穿越河流、公路等不具备大开挖条件的障碍时，可采用水平定向钻孔技术铺设电力管道，施工前应按有关要求进行地质及地下设施勘查，施工后应保留准确的管道竣工资料。

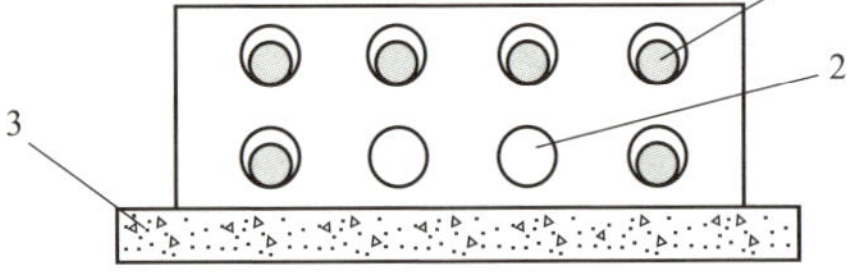

图 4–11　电缆排管敷设方式

1—电缆；2—排管；3—混凝土底板

一般来说，电缆排管孔径（内径）为150、175mm；单排管最大范围的孔位排列有2×10孔、3×7孔两种，如图4-12、图4-13所示。

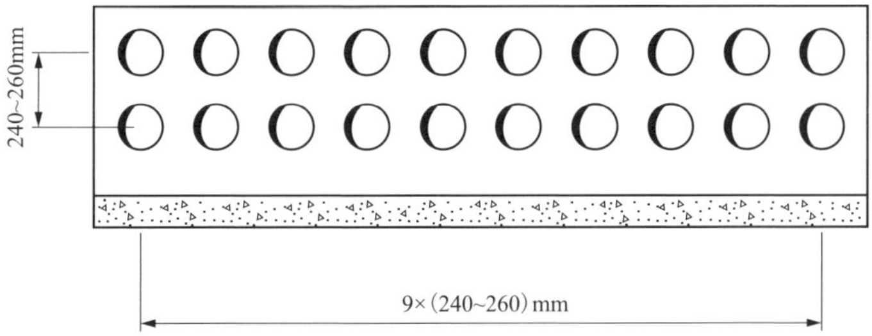

图4–12　2×10孔排管结构图（ϕ150 ~ 175）

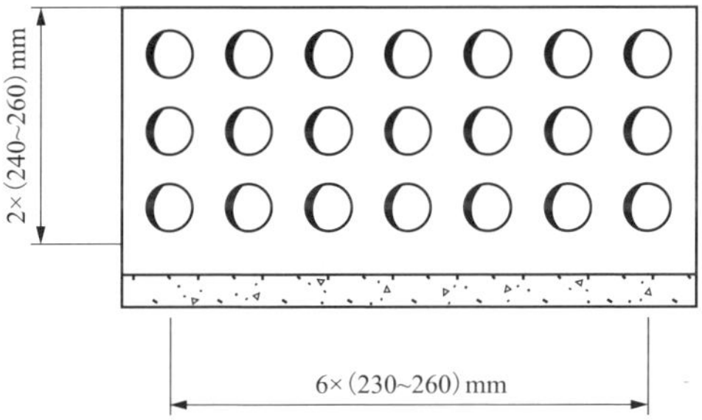

图4–13　3×7孔排管结构图（ϕ150 ~ 175）

电缆排管孔位应优先满足220kV电缆线路的需要，同时在排管设计时应安排通信多孔管。当同一路径上设有双排管时，为了提高供电可靠性和电缆载流量，宜将同一110kV及以上变电站的双路进线电缆分别敷设在不同的排管中。同一电站（用户）的双回路或多回路电缆宜选用不同的通道路径，若同通道敷设则宜在排管两侧布置。

（4）隧道敷设方式。该方式适用于变电站出线端及重要的市区街道、电缆条数多或各种电压等级电缆平行的地段，如图4-14所示。隧道应在变电站选址及建设时统一考虑。电力隧道一般沿规划道路建设。电力隧道断面规格一般为2.0m×2.1m（明开）、2.0m×2.3m（暗挖）或2.6m×2.4m（明开）、2.6m×2.9m（暗挖），或直径为3、3.5、5.5m的圆形隧道。

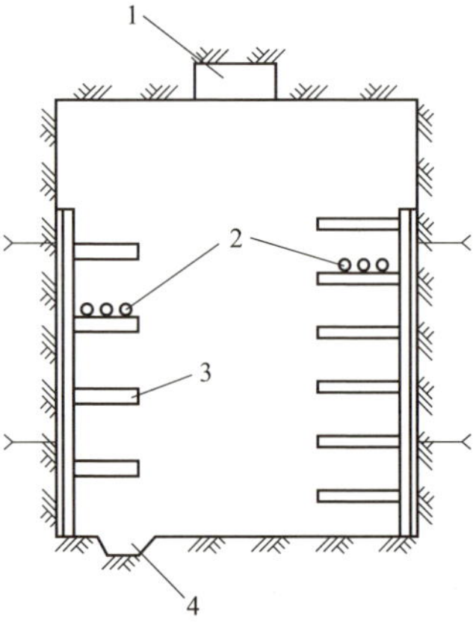

图 4-14　电缆隧道敷设方式

1—装灯用壁槽；2—电缆；3—支架；4—排水小沟

（5）水下敷设方式。该方式适合用于无陆上通道或陆上通道经济性差的跨江、湖、海等情况。电缆应采用特制的整根电缆，水下电缆敷设路径的选择应满足电缆不易受机械性损伤、能实施可靠防护、敷设作业方便、经济合理等要求；水下电缆应敷设于河床下，船舶通航的深水段埋深不宜浅于 2m，船舶不能通航的浅水段埋深不宜小于 0.5m。

2. 电缆线路敷设的一般要求

这里只介绍规划设计阶段需要考虑的电缆敷设相关要求：

（1）电缆敷设方式应根据工程条件、环境特点和电缆类型、数量等因素，按照满足运行要求（包括运行可靠、便于维护、技术经济合理）的原则选择。

（2）电缆路径选择时，应充分考虑敷设转向时电缆走廊构筑物允许的弯曲半径。新建电缆通道时，尽量利用道路两侧的绿化带或人行道，避免开挖机动车道影响交通。考虑到其他中低压线路的敷设，城市中心区内新建或改建的道路均应预留一定数量的电缆通道。

（3）规划各电压等级电缆共用通道时，应充分考虑布置方式对资源占用及散热对输送能力的影响。

（4）直埋敷设、排管敷设及电缆沟敷设的电缆，在中间接头和终端接头处应考虑预留长度，隧道敷设的较长电缆也应考虑预留长度。

电缆线路与周边物体安全距离限制见表 4-8。

表 4–8 电缆线路与周边物体安全距离限制

项目	安全距离（m）	
	平行	交叉
建筑物、构筑物基础	0.5	—
电杆基础	0.6	—
乔木树主干	1.5	—
灌木丛	0.5	—
10kV 以上电力电缆之间，以及 10kV 及以下电力电缆与控制电缆之间	0.25（0.10）	0.50（0.25）
通信电缆	0.50（0.10）	0.50（0.25）
热力管沟	2	0.5
水管、压缩空气管	1.00（0.25）	0.50（0.25）
铁路（平行时与轨道，交叉时与轨底，电气化铁路除外）	3	1
道路（平行时与侧石，交叉时与路面）	1.5	1
排水明沟（平行时与沟边，交叉时与沟底）	1	0.5

4.4.3 电缆线路的保护要求

根据《电力设施保护条例》相关规定，地下电力电缆保护区为电缆线路地面标桩两侧各 0.75m 所形成的两平行线内的区域；海底电缆一般为线路两侧各 2 海里[1]（港内为两侧各 100m），江河电缆一般不小于线路两侧各 100m（中、小河流一般不小于各 50m）所形成的两平行线内的水域。

在保护区内禁止使用机械掘土、种植林木；禁止挖坑、取土、兴建建筑物和构筑物；不得堆放杂物或倾倒酸、碱、盐及其他有害化学物品；不得在海底电缆、江河电缆保护区内抛锚、拖锚、炸鱼、挖沙。

❶ 海里，国际单位符号为 n mile，1n mile ≈ 1852m。

此外，禁止在电力电缆沟内同时埋设其他管道。未经电力企业同意，不准在地下电力电缆沟内埋设输油、输气等易燃易爆管道。管道交叉通过时，有关单位应当协商，并采取安全措施，达成协议后方可施工。

4.4.4 电缆线路选线示例

根据地区电网规划，需从甲变电站新建两回 110kV 线路至乙变电站。线路途经区域均为城市规划明确要求采用电缆线路的地区，因此选用电缆，采用排管敷设。根据工程需要及后续规划安排，选用 2×10 孔排管。

根据城市和区域总体规划用地布局要求，电缆线路走廊应沿道路、河道平行设置，避免穿越地块腹地。电缆线路走廊宜结合道路、河流的防护绿化用地设置，线路路径应短捷、顺直，减少同道路、河流等的交叉。结合现场实际及现有电力排管情况，初步确定新建排管路径如图 4-15 所示。

经现场实际勘测，规划新建排管路段为现状道路，规划道路红线宽度为 24m。该路段现状已实施道路宽度为 11m，道路中心线两侧各 5.5m 机非混合车道。因道路下方和两侧隔离带中已埋有天然气管、通信导管以及各类市政管线，根据电缆敷设的相关规定，本规划电力电缆排管敷设于道路中心线以东 3.5m 处，详见图 4-16 现状道路断面及管位图。

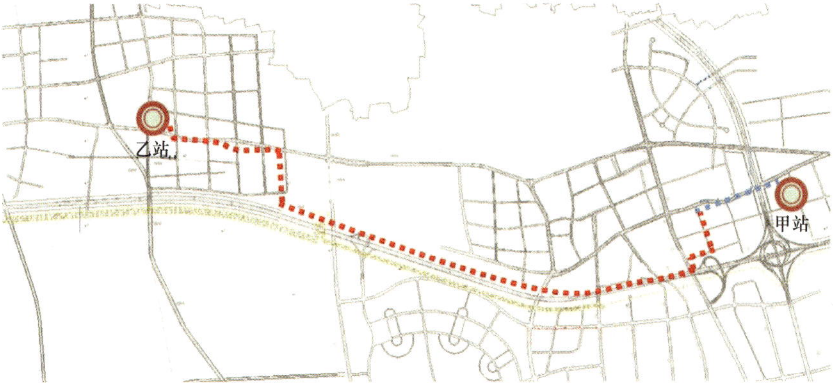

图 4-15 新建排管路径图

已规划高压走廊；规划新建电力排管；现状电力排管

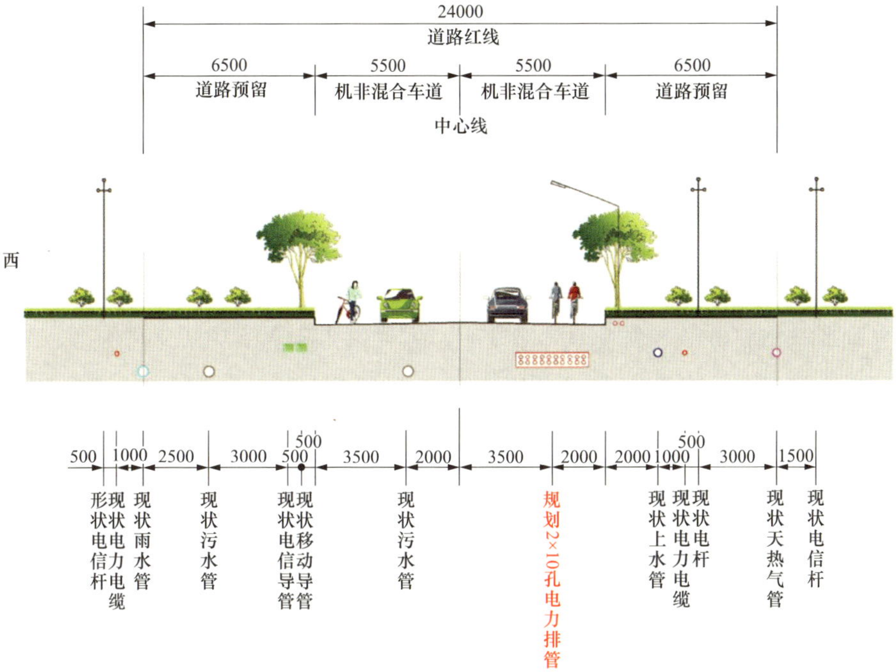

图 4-16　现状道路断面及管位图（单位：mm）

小结

本章对变电站选址及线路选线进行了系统性的阐述。变电站选址需综合考虑未来负荷的时空分布、土地现状及未来规划使用情况、城乡规划整体布局和电网发展的要求；从而制定几个变电站选址方案，使地区高压配电网网架结构整体布局合理，变电站高低压各侧进出线方便；最后进行方案优选。变电站选址要根据变电站新增容量、数量的初步估计，提出可选方案，通过比选确定最终方案。

线路选线其目的在于选出一条技术条件最好，投资造价最优，符合国家相关政策规定的线路路径与导线，满足电能的传输、调节和分配，并确保输电工程的顺利实施。线路选线一般结合电网线路现状和发展情况，地形、地貌、地方土地规划等，合理规划输电走廊和线路路径。

一般可在明确远景年份变电站选址及线路选线的基础上，根据负荷预测结果，制定发展目标网架，积极落实规划站址和廊道资源，并留有合理裕度，近期应重点解决即将建设输配电项目的站址、走廊问题，并与远期规划相衔接。

习题与思考题

4-1　对于尚未掌握地区控制性规划的区域，该如何开展变电站选址？

4-2　变电站的布置方式有哪几种？半户内变电站有哪些特点？

4-3　变电站的选址原则有哪些？

4-4　35 ~ 220kV 地下变电站的站址选址有哪些特殊要求？

4-5　电力线路选线总体要求有哪些？

4-6　架空线路的选线原则有哪些？

4-7　对于城网输电线路和各级配电线路，什么情况下可以采用电缆线路？

4-8　架空线路的架设方式有哪几种？在规划设计阶段对于线路敷设一般要考虑哪些要求？

4-9　电缆线路选线的原则有哪些？

4-10　电缆线路敷设方式有哪些？

第5章 CHAPTER FIVE

综　合　实　例 05

本章以上海A工业区东片产业区拟新建110kV变电站的规划设计为实例，从实例背景、变电站选址、变电站电源接入、电气主接线设计、主设备选型、变电站进出线路选线等环节入手，全方位地展示变电站规划设计过程中所涉及的内容，为读者建立较为完整的变电站规划设计概念。

5.1 实例背景

新建 110kV 乙三站位于 A 工业区东片产业区。A 工业区位于上海市西南部郊区，区域面积 59.5km^2，A 工业区分为 3 个功能分区，分别为城镇生活区、东片产业区和农业复合用地及其他用地。根据区域产业发展规划，东片产业区定位是以汽车零部件、机械、石油化工设备为主导功能的产业。

目前，A 工业区东片产业区主要由 35kV 丙三站（2×10MVA）、35kV 丙二站（2×20MVA）和 35kV 丙一站（2×20MVA）供电，其中丙三站位于东片产业区的西北方向，主要向 A 工业区西部区域及东片产业区部分区域供电；丙一站位于东片产业区内，主要向 A 工业区东片产业区供电；丙二站位于东部产业区的正西方向，主要向 A 工业区中部区域及东片产业区部分区域供电。

电网负荷预测是根据社会经济发展、人口增长、用地开发建设、电网的运行特性等诸多因素，在满足一定精度要求的条件下，预测未来一定时期内配电网的负荷、用电量及相关空间分布。A 工业区东片产业区规划面积为 201.46 万 m^2，规划建筑面积 190.98 万 m^2，目前已开发建设 37.05 万 m^2。根据地区产业发展规划和各类用地用电指标测算，东片产业区远景饱和负荷约为 134MW，负荷密度约为 4MW/km^2。

根据目前该地区功能块负荷数据统计，2020 年 A 工业区东片产业区及周边区域总负荷为 50.5MW。近期东片产业区开始大规模开发，预计至 2023 年周边区域总负荷将达 67MW，仅靠现状 35kV 丙一站（2×20MVA）难以承担新增负荷。届时 A 工业区区域容载比将低至 1.49，已不满足安全要求。根据该地区电网规划，拟新建 110kV 乙三站，以满足该地区负荷增长的需要。图 5-1 所示为地区国土空间规划中变电站的站址控制图，110kV 乙三变电站规划预留站址位于经西公路（规划路）和纬东大街相交的东南角，规划供电区域面积约 11.8km^2。项目建成后能满足该 A 工业区东片产业区的供电要求，降低周边变电站的负载率，提高供电可靠性。

图 5-1　地区控制性详细规划中变电站站址图

根据 A 工业区发展规划，110kV 乙三站建成前后和 2025 年周边地区电力负荷预测表见表 5-1。

表 5-1　　新建乙三站投运前后电力负荷预测表

站名	改接前（2020 年）		转移负荷	改接后（2023 年）		2025 年	
	负荷（MW）	负载率（%）	MW	负荷（MW）	负载率（%）	负荷（MW）	负载率（%）
丙一站	22	58	8	14	37	17	45
丙二站	15	39	3	12	32	15	39
丙三站	10	54	3	7	37	9	47
新增用户	—	—	—	20	—	—	—
乙三站	—	—	14	34	36	41	43

根据负荷预测结果，110kV 乙三站投运后将显著降低该地区原有的 35kV 变电站的负载率，平衡未来几年的新增负荷。乙三站周边地区电力供需平衡情况见表 5-2。

表 5-2　　乙三站周边地区电力平衡表

年份	2019	2020	2021	2022	2023	2024	2025	2027
1. 地区负荷（MW）	53	47	56	61	67	72	77	88
2. 配置配电容量（MVA）	100	100	100	100	200	200	200	200
（1）现有变电站总容量	100	100	100	100	100	100	100	100
丙一站	40	40	40	40	40	40	40	40
丙二站	40	40	40	40	40	40	40	40
丙三站	20	20	20	20	20	20	20	20
（2）新增变电站	—	—	—	—	100	100	100	100
乙三站	—	—	—	—	100	100	100	100
3. 容载比	1.89	2.13	1.79	1.64	2.99	2.78	2.60	2.27

由表 5-2 可知在乙三站规划投产年 2023 年，地区容载比达 2.99，随着地区负荷快速发展，2025 年降至 2.60，2027 年降至 2.27，容载比处于导则要求范围内，满足地区发展需求。

5.2
变电站选址

根据负荷预测和电力平衡结果，确定所需新建变电站数目后，应进行变电站选址。因该地区为已有地区控制性规划，并已开展了相关空间负荷预测，且变电站站址已经落实在地区控制性规划。现根据变电站相关选址原则和具体要求对该站址布点进行调整优化。

5.2.1 站址选址

根据 110kV 变电站站址选择的具体要求，站址应靠近负荷中心，应与城乡或工矿企业规划相协调，并应便于架空和电缆线路的引入和引出。站址标高宜在 50 年一遇高水位上；无法避免时，站区应有可靠的防洪措施或与地区（工矿企业）的防洪标准相一致，并应高于内涝水位。

参照上述要求，根据地区控制性详规划，所选变电站站名为乙三站，所选站址位于纬东大街南侧、规划经西公路东侧，具体地址如图 5-2 所示，站址所在区域周边均为工业用地。站址规划用地面积为 2400m^2，东西方向长约 60m，南北方向长约 40m，满足上海 110kV 地上变电站的用地控制指标需求。目前变电站站址范围内为空地，场地较为平坦，场地内地坪标高 3.44 ~ 4.24m，平均标高 3.71m。

本站四周设置围墙，围墙退让用地红线 5m。根据《上海市城市规划管理技术规定》，建筑物退道路红线、退用地界线不小于 5m。设计室外地坪标高按高于站外道路中心标高 300mm 及高于历史最高内涝水位 300mm 确定。

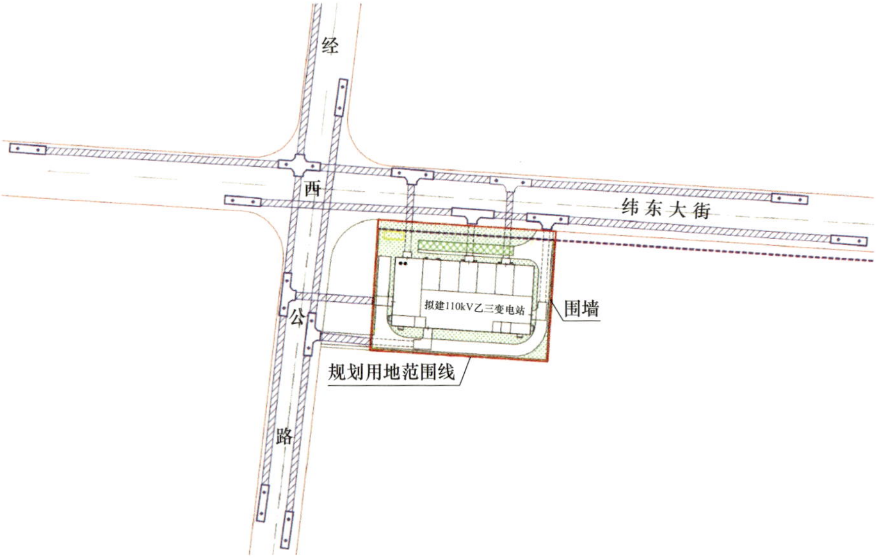

图 5-2　乙三站站址位置图

5.2.2　主变运输条件

根据变电站选址要求，应根据交通运输条件和变电站建设需要，方便进站道路引接和大件运输。应通过技术经济比较，落实大件运输方案。待选站址东南侧均为市政道路，其中现状纬东大街宽度仅为 16m，经西公路尚未建成，不具备相关运输条件。根据相关市政道路规划，纬东大街将拓宽至 32m，经西公路建成后道路宽度为 40m，具备通行大型运输车辆条件，可作为设备运输通道，如图 5-3 所示。

本站站址内设置 4.0m 宽环形运输道路。变电站设置 2 个出入口，分别与纬东大街、经西公路相接。主变等大件设备可经水路运抵上海，再由纬东大街进入站内。

5.2.3　站址环境

本工程根据上海气象台站资料、地质资料及上海电缆线路的设计运行经验，推荐采用的环境条件汇总于表 5-3。

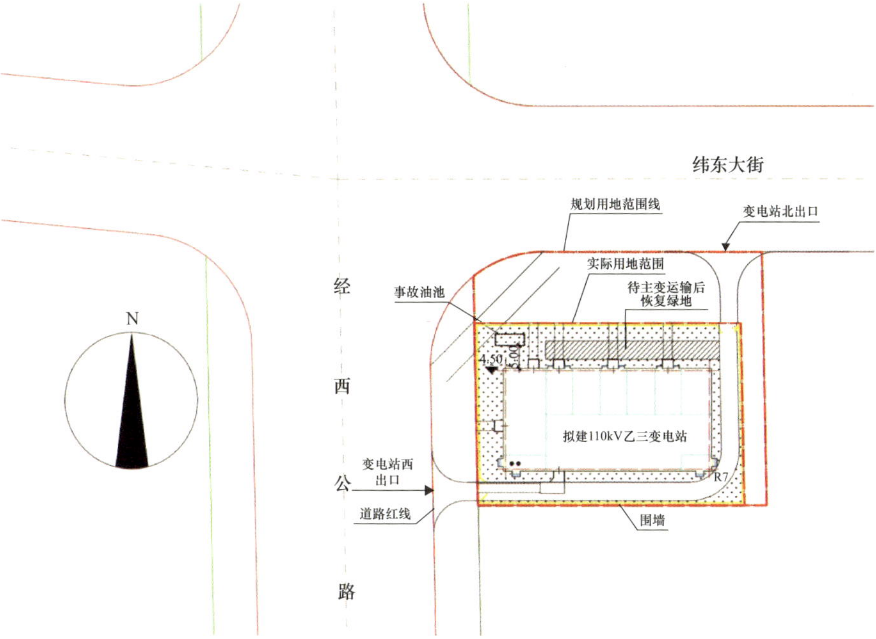

图 5-3　乙三站站址平面图

表 5-3　　环境条件汇总表

海拔（m）			不超过 1000
环境温度和湿度	最高气温（℃）		40
	最低气温（℃）	（户外）	－10
		（户内）	－5
	最热月平均温度（℃）		35
	最冷月平均温度（℃）		0
	环境相对湿度（%）		85（25℃下）
耐地震能力	地面水平加速度（m/s^2）		0.1
	地面垂直加速度（m/s^2）		$0.1m/s^2$，同时作用持续三个正弦波，安全系数≥ 1.67
风速			离地面高 10m 处，维持 10min 的平均最大风速 30m/s

续表

月平均最高相对湿度（%）	90（25℃下）
日照强度（W/cm^2）	0.1
覆冰厚度（mm）	5
爬电比距（mm/kV）	25
土壤热阻（K·M/W）	1.0
土壤温度（℃）	30

5.3 变电站电源接入

在确定需建设变电站的站址后，接下来的阶段为设计变电站接入电网的接线方式，也就是常说的变电站接入系统设计。

乙三站待建站址附近可提供 110kV 电源接入点如图 5-4 所示。

（1）220kV 规划甲一站（2×240MVA）位于乙三站的东北方，距乙三站约 4.4km。本工程实施前有 10 个 110kV 出线间隔，2 个备用间隔。

（2）110kV 已建乙一站（2×80MVA）位于乙三站的西北方，距乙三站约 10km，110kV 侧采用环进环出接线，电源方向为 110kV 乙一站。

（3）110kV 已建乙二站（2×50MVA）位于乙三站的东北方，距乙三站约 6km。本工程实施前有 4 个 110kV 出线间隔，110kV 侧采用环进环出接线，电源方向为 220kV 在建甲一站。

根据《上海电网规划设计技术导则（试行）》（2014 版），上海 110kV 电网结构应按最终双侧电源“手拉手”三链接线模式规划。110kV 电网建设过渡时期，可采用双侧电源辐射，或“环进环出”“手拉手”双链接线模式，或

“手拉手”架空 T 接模式。110kV 变电站的进线电源宜来自（或追溯至）不同 220kV 变电站。

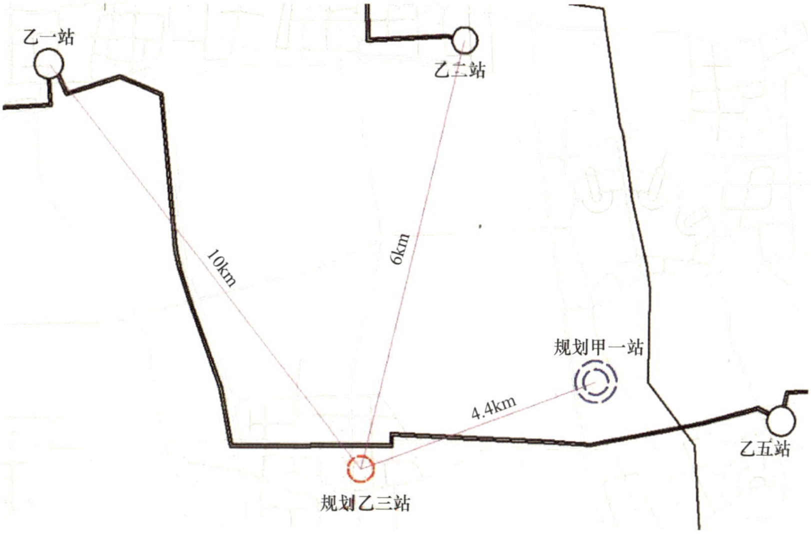

图 5-4　乙三站周边电源点示意图

按照上述要求，根据乙三站的地理位置、周边电网情况以及远景电网规划，考虑本工程接入方案为 110kV 乙三站开断环入“甲一站 == 乙一站”，形成“甲一站 == 乙三站 == 乙一站 == 乙四站 == 甲二站”双侧电源链式接线。

本期工程接入系统示意图如图 5-5 所示。

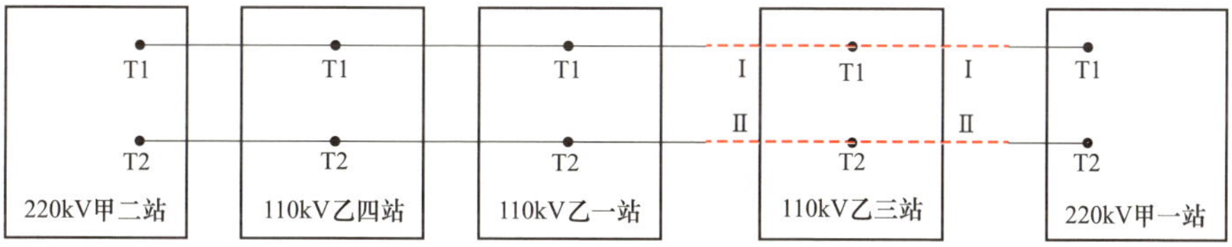

图 5-5　接入系统示意图

T—主变；—— 现状电缆（1 × 1000mm²）；---- 本工程新建电缆（1 × 1000mm²）

5.4 变电站电气主接线设计

变电站选址和接入电网接线一经选定，就需要做好变电站电气主接线设计。变电站电气主接线设计应满足供电可靠、运行灵活、适应远方控制、操作检修方便、节约投资、便于扩建以及规范、简化等要求。变电站电气主接线的选取，应综合考虑变电站功能定位、进出线规模等因素，并结合远期电网结构预留扩展空间。本节在确定乙三站的建设规模的基础上，进行了无功平衡及调压计算，并根据电网情况选择了中性点接地方式，然后再进行变电站电气主接线设计。

5.4.1 建设规模

根据《上海电网规划设计技术导则（试行）》（2014 版）相关要求，110kV 变电站最终规模为 3 台主变，初期为 2 台主变，单台容量可选 80MVA、63MVA、50MVA。根据电力平衡结果，新建乙三站本期选用 2×50MVA 变压器，最终规模选用 3×80MVA 主变。

5.4.2 无功平衡及调压计算

1. 无功平衡

无功补偿装置的配置应与电网结构、网络参数、地区无功功率缺额和用户对电压的要求相匹配，并根据系统不同运行方式下的调压计算、谐波计算等结果，进行技术经济分析后综合确定。

根据《上海电网规划设计技术导则（试行）》（2014 版），110kV 变电站主变 10kV 侧装设电容器组的容量一般为主变容量的 12% ~ 16.7%。新建乙三站本期主变容量为 50MVA，需要无功补偿容量为 6 ~ 8.35Mvar，乙三站本期每台主变配置一组 8000kvar 电容器，按 5000kvar+3000kvar 分组。当主变低压侧负荷功率因数为 0.90 时（主变负载率 50%），补偿后 110kV 侧功率因数约为 0.97，本期投切单组电容器所引起的母线电压波动为 1.2% ~ 2.1%。

根据《上海电网规划设计技术导则（试行）》（2014 版），乙三站远景每台主变配置一组 12000kvar 电容器，按 3000kvar+4000kvar+5000kvar 分组。当主变低压侧负荷功率因数为 0.93 时（主变负载率 67%），补偿后 110kV 侧功率因数约为 0.96，远景投切单组电容器所引起的母线电压波动为 1.1% ~ 1.9%。

此外，根据上海电网电能质量监测情况，部分地区存在 3、5、7 次背景谐波较大的问题。为减小谐波对变电站运行的影响，乙三站考虑两种电容器串联电抗配置方式：①每台电容器配置 5% 串抗；②每台电容器配置 12% 串抗。

若每台电容器串联 5% 电抗，乙三站 10kV 侧 5、7 次谐波可得到有效抑制（谐波电流放大倍数小于 1），但对 3 次谐波有一定程度的放大（约 2.2 倍）；若每台电容器串联 12% 电抗，乙三站 10kV 侧 3、5、7 次谐波均得到有效抑制（谐波电流放大倍数小于 1）。

从谐波抑制效果来看，乙三站每台电容器配置 12% 串抗效果更佳，但高串抗率将导致电容器造价增加，同时增加电网的电能损耗，不利于系统的经济运行和节能减排目标的实现。考虑 5% 串抗率仅对 3 次谐波略有放大，从降低损耗，节约投资角度，建议乙三站每台电容器配置 5% 串抗。

2. 调压计算

变压器的电压调整通过切换变压器的分接头改变变压器变比实现。切换方式有两种：一种是不带负荷切换，称为无载调压，调压范围通常在 ±5% 以内；另一种是带负荷切换，称为有载调压，调压范围通常有 ±10% 和 ±12% 两种。110kV 及以下的变压器调压设计时可根据需要采用有载调压方式。

为了验证采用何种调压变压器可以满足系统电压要求，在乙三站主变采用无载调压变压器和有载调压变压器的情况下，分别对主变高低压侧电压进行计算，计算结果见表 5-4。其中大方式下甲一站 110kV 母线电压约为 110kV，小方式下甲一站 110kV 母线电压约为 115kV。

表 5-4　　乙三站主变无载 / 有载调压变压器电压计算结果

系统运行方式	负荷（MW）	低压侧功率因素	110kV 侧电压（kV）	10kV 侧电压（kV）	10kV 侧电压波动
大方式	30	0.95	109.7	10.0	无载：5.3%
小方式（无载）	12.5	0.99	115.0	10.53	
小方式（有载）	12.5	0.99	115.0	10.01	

若采用无载调压变压器，乙三站新增主变低压侧电压波动已达到 5.3%，虽满足电压运行要求，若大 / 小方式下电网电压变化更为剧烈或负荷峰谷差进一步扩大，将会导致更大的电压波动。若采用有载调压变压器后，大 / 小方式下乙三站新增主变低压侧电压波动明显降低，可提高电压质量。因此，本期乙三站新增主变采用有载调压变压器。

5.4.3　变压器中性点接地方式

根据《上海系统中性点电网规划设计技术导则（试行）》（2014 版），对于 110kV 系统采用中性点直接接地，10kV 系统中性点一般采用不接地、经消弧线圈接地或经小电阻接地。一般来说，对于单段供电母线接地容性电流超过 100A 时，10kV 系统中性点应采用小电阻接地方式；接地容性电流在 10 ~ 100A 之间时，可采用消弧线圈接地方式或小电阻接地方式；接地容性电流小于 10A 时，可采用不接地方式。考虑乙三站未来出线主要为电缆接线的情况，且周边电网容性电流较大，乙三站 10kV 中性点采用经小电阻接地方式。

5.4.4 电气主接线

根据《上海电网规划设计技术导则（试行）》（2014 版）规定，上海 110kV 变电站最终规模为 3 台主变，9 回 110kV 进线出线，3 回 110kV 主变回路，高压侧采用单母线接线，具体为“一进三出”（含主变）接线，低压侧采用单母线六分段环形接线。初期为 2 台主变，高压侧采用“一进三出”（含主变）接线，低压侧采用单母线四分段环形接线。

新建乙三站最终规模为 3 台 80MVA 主变，110kV/ 10kV 电压等级。110kV 侧接线采用“一进三出”（含支接变压器）接线；10kV 侧为单母线六分段环形接线，出线 48 回，10kV 为中性点经小电阻接地系统，每台主变安装电容器组容量为 12000（3000+4000+5000）kvar。

变电站本期规模为 2 台 50MVA 主变，110kV/10kV 电压等级。110kV 侧接线采用“一进三出”（含支接变压器）接线；10kV 侧为单母线四分段环形接线，出线 32 回，10kV 为中性点经小电阻接地系统，每台主变安装电容器组容量为 8000（3000+5000）kvar。变电站土建按最终规模一次建成，主接线图见如图 5-6 所示（见文后插页）。

5.5 变电站电气主设备选型

确定变电站电气主接线的形式后，需要对主设备进行选型和总平面布置。主设备选型是电气设计的主要内容之一，也是变电站从规划设计到建设施工非常重要的一个环节，对变电站及整个电网运行的经济性、安全稳定都有着较大影响。

5.5.1 短路电流计算

根据上级主网运行方式乙三站投运时 110kV 侧的短路电流约为 7.17kA。根据《上海电网规划设计技术导则（试行）》（2014 版）要求，110kV 三相短路电流应控制在 25kA，故远期特大方式下的 110kV 侧短路电流按 25kA 控制值选取。

图 5-7 为乙三站正序等效网络图。本站本期 110kV 母线短路容量 $S=1434$MVA。计算用基准容量取 $S_j=100$MVA；基准电压按平均工作电压选取，取 $U_{g110}=1.05U_N=1.05\times110=115.5$（kV），$U_{g10}=1.05U_N=1.05\times10=10.5$（kV）。其短路电流计算结果见表 5-5。

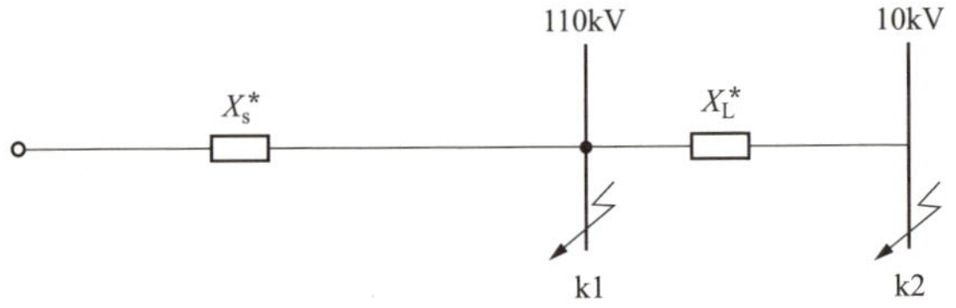

图 5-7 乙三站正序等效网络图

X_S^*—系统等效正序阻抗；X_L^*—变压器等效正序阻抗

表 5-5 短路电流计算结果表（本期）

短路地点	短路点编号	基准容量 S_j（MVA）	基准电压 U_g（kV）	短路点等值标幺阻抗 X^*	短路容量 $S=S_j/X^*$（MVA）	短路电流周期分量有效值 $I''=S'/1.732U_g$（kA）	短路冲击电流峰值 $i_{ch}=2.5I''$（kA）
110kV 母线	k1	100	115.5	0.070	1434	7.17	17.925
10kV 母线	k2	100	10.5	0.41	243.9	13.4	33.5

变电站远景 110kV 母线短路容量按 5000MVA 控制，即 $S''=5000$MVA。计算用基准容量取 $S_j=100$MVA；基准电压取 $U_{j110}=1.05U_N=1.05\times110=115.5$（kV），$U_{j10}=1.05U_N=1.05\times10=10.5$（kV）。

其短路电流计算结果见表 5-6。

表 5-6　　短路电流计算结果表（远景）

短路地点	短路点编号	基准容量 S_j（MVA）	平均工作电压 U_g（kV）	短路点等值标幺阻抗 X^*	短路容量 $S''=S_j/X^*$（MVA）	短路电流周期分量有效值 $I''=S''/1.732U_g$（kA）	短路冲击电流峰值 $i_{ch}=2.5I''$（kA）
110kV 母线	k1	100	115.5	0.02	5000	25	62.5
10kV 母线	k2	100	10.5	0.32	312.5	17.18	42.95

主要电气设备按上述远景短路计算值进行选择。

（1）主变 110kV 侧额定电流。

按远景 $S_N=80$MVA 主变计 $I_N=1.05S_N/(\sqrt{3}\times U_N)=440.9$（A）

按本期 $S_N=50$MVA 主变计 $I_N=1.05S_N/(\sqrt{3}\times U_N)=275.6$（A）

（2）主变 10kV 侧引排额定电流。

按远期 $S_N=80$MVA 主变计 $I_N=1.05S_N/(\sqrt{3}\times U_N)=4849.9$（A）

按本期 $S_N=50$MVA 主变计 $I_N=1.05S_N/(\sqrt{3}\times U_N)=3031.2$（A）

（3）10kV 开关柜母排额定电流。

按远景 $S_N=80$MVA 主变计 $I_N=1.05S_N/(\sqrt{3}U_N)=4849.9$（A）

5.5.2　主设备选型

根据相关要求，主要电气设备选型符合《国家电网公司标准化建设成果（输变电工程通用设计、通用设备）应用目录》的相关规定。根据现场实际情况勘察结果，站内污秽等级为 E，主变运行温度为 –25 ～ +45℃，其余设备运行温度为 –25 ～ +40℃。

1. 主变选型

根据《上海电网规划设计技术导则（试行）》（2014 版）相关要求，为降低全站噪声污染同时将短路电流控制在合理范围内，本站 110kV 主变拟采用自冷式，带平衡绕组的有载调压变压器。主变本体与散热器采用分体水平布置结构。主变选择结果见表 5-7。

表 5-7　　主变选择结果表

项目	参　　数
型式	三相三圈有载调压自冷分体式，6.6kV 侧带平衡绕组
容量	50MVA
额定电压	110 ± 8 × 1.25%/10.5/6.6kV
接线组别	YNyn10d
阻抗电压	U_k% =（17 ± 5）%
冷却方式	油浸自冷式（ONAN）

2. 110kV 电气设备选择

为了提高设备运行的可靠性和最大限度地降低设备投运后的维修工作量，根据《上海电网规划设计技术导则（试行）》(2014 版)，110kV 配电装置采用户内 GIS。GIS 间隔宽度按不大于 0.8m 考虑。根据潮流及本站的短路容量计算，同时参照通用设备标准化参数，额定电流选取 2000A，短路开断电流为 40kA。110kV 主要设备的选择见表 5-8。

表 5-8　　110kV 主要设备选择结果表

<table>
<tr><th colspan="2">设备名称</th><th>型式及主要参数</th></tr>
<tr><td rowspan="5">GIS</td><td>断路器</td><td>主变、出线回路：126kV，2000A，40kA</td></tr>
<tr><td>隔离开关</td><td>主变、出线回路：126kV，2000A，40kA/3s</td></tr>
<tr><td>接地开关</td><td>126kV，40kA/3s</td></tr>
<tr><td rowspan="2">电流互感器</td><td>主变回路：126kV
600/5A，5P30（0.5），20VA
600/5A，5P30（0.5），20VA
600/5A，0.2S，20VA
600/5A，0.2S，20VA</td></tr>
<tr><td>出线回路：126kV
600-1200/5A，5P30（0.5），20VA
600-1200/5A，0.5S，20VA</td></tr>
</table>

续表

设备名称		型式及主要参数
GIS	电压互感器	三相，126kV （110/ $\sqrt{3}$ ）/（0.1/ $\sqrt{3}$ ）/（0.1/ $\sqrt{3}$ ）/0.1kV 0.2/0.5/3P，50VA/50VA/100VA

3. 10kV 电气设备选择

本站 10kV 侧采用金属铠装式开关柜（采用真空断路器），双列布置。

参照通用设备标准化参数，主变进线柜额定电流选用 4000A，短路开断电流选用 40kA；出线柜额定电流选用 1250A，短路开断电流选用 31.5kA。

10kV 主要电气设备选择结果见表 5-9。

表 5-9　　10kV 主要电气设备选择结果

设备名称	型式及主要参数	备注
真空断路器	10kV，4000A，40kA	主变、分段
	10kV，1250A，31.5kA	出线、站变
	10kV，1250A，31.5kA，C2 级	电容器
接地开关	10kV，1250A，31.5kA/4s	出线、电容器、站变
电流互感器	干式，10kV 4000/5A，5P30（0.5），20VA 4000/5A，5P30（0.5），20VA 4000/5A，0.2S，20VA 4000/5A，0.2S，20VA	主变
	干式，10kV 4000/5A，5P30（0.5），20VA 4000/5A，5P30（0.5），20VA 4000/5A，0.5S，20VA	分段
	干式，10kV 400（800）/5A 5P30（0.5），20VA 400（800）/5A 5P30（0.5），20VA 400（800）/5A，0.2s，20VA	出线

续表

设备名称	型式及主要参数	备注
电流互感器	干式，10kV 400（600）/5A 5P30（0.5），20VA 400（600）/5A 5P30（0.5），20VA 400（600）/5A，0.2s，20VA	站变、电容器
	干式，三相，10kV （$10/\sqrt{3}$）/（$0.1/\sqrt{3}$）/（0.1/3）kV， 0.5/3P，50VA/100A	母线设备
电压互感器	干式，三相，10kV （$10/\sqrt{3}$）/（$0.1/\sqrt{3}$）/（$0.1/\sqrt{3}$）/（0.1/3）kV 0.5/3P，50VA/100A	母线设备
熔断器	10kV，2.0A，31.5kA	母线设备
避雷器	17/45	母线设备

4. 无功补偿装置型式

为提高运行可靠性，同时便于日常的运行维护，10kV 电容器建议采用框架式电容器，根据无功平衡结果，本期电容器单组容量选择为（3000+5000）kvar，额定电压为 $10.5/\sqrt{3}$ kV。在每组电容器组中装设氧化锌避雷器及电容器放电用的放电线圈。

5. 导体选择

线路导线截面应按照故障情况下通过的安全电流裕度选取，正常情况下按照经济载荷范围校核。

各级电压设备引线按回路通过的最大电流选择导线截面，按发热条件校验；主变高低压侧导体额定载流量按不小于主变额定容量 1.05 倍计算。

10、110kV 出线回路的电缆截面不小于送电线路的截面。

导体选择结果见表 5-10。

6. 绝缘配合及防雷接地

交流电气装置的绝缘配合及防雷接地应结合电网结构、地区雷电活动特点及运行经验，通过计算分析和技术经济比较，进行差异化设计。

表 5-10 导体选择结果

电压（kV）	回路名称	回路最大电流（A）	选用导体		备注
			导线根数 × 型号	载流量（A）	
110	出线	—	3×（YJLW03-64/110，1×1000）	—	—
	主变进线	441	3×（YJLW03-64/110，1×630）	530	远景主变容量1.3倍考虑
	联络电缆	441	3×（YJLW03-64/110，1×800）	698	本期主变容量1.3倍考虑
10	主变进线分支	3753	绝缘母线/母线封闭桥箱	4000	远景主变容量1.3倍考虑
	开关柜母线	—	开关柜	4000	由载流量控制
	3000kvar 电容器	182	ZA-YJV-10-3×240	390	由载流量控制
	4000kvar 电容器	300	ZA-YJV-10-3×240	390	由载流量控制
	5000kvar 电容器	375	ZA-YJV-10-3×240	390	由载流量控制
	站用变	5.8	ZA-YJV-10-3×120	260	由热稳定控制
	接地电阻	1000A/10s	ZA-YJV-10 1×70	179	由热稳定控制

（1）过电压保护及设备的绝缘配合。本站的过电压保护主要是考虑侵入雷电波及操作过电压对配电装置的影响，因此，在主变的 110kV 中性点及 10kV 母线均配置了氧化锌避雷器作为配电装置的保护。

（2）外绝缘配合。因本站站址属于 E 类污秽地区，故户外最小公称爬电比距为 3.1cm/kV，考虑本站 110kV 为 GIS 布置，GIS 需满足如下要求：

最高运行电压：126kV

1min 工频耐压：230kV

雷电流冲击耐压：550kV

10kV 配电装置采用金属铠装式开关柜，根据国家的有关标准，设备必须满足如下标准：

最高运行电压：12kV

1min 工频耐压：42kV

雷电流冲击耐压：75kV

（3）防雷接地。因本站为全户内型，为使变电站建筑在受到直击雷和感应雷的雷击时能有可靠的保护，需在变电站的非导电体的屋顶上装设避雷带作为防雷保护，且避雷带设有数个独立接地点。

为保证人身安全，所有的电气设备都装设接地装置，并将电气设备外壳可靠接地。变电站的接地电阻≤ 0.1Ω。

按照上述要求，新建乙三站接地网接地电阻值为 0.1Ω，其中垂直接地极采用铜覆钢棒（L = 12m，ϕ = 14.2mm），水平接地体为 120mm^2 铜绞线。极端情况下的接触电位差和跨步电位差，见表 5-11。

故障时接地网的电位即最大接触电位差和最大跨步电位差的值均能满足 GB/T 50065—2011《交流电气装置的接地设计规范》中允许值的要求。

表 5-11　　接地网接触电位差和跨步电位差表

电位差	允许值（V）	最大值（V）
接触电位差	463	453.25
跨步电位差	368.8	276.8

5.6 变电站 110kV 进出线路选线

5.6.1 线路概况

根据 5.3 节变电站接入系统设计的结论，本期 110kV 乙三站开断环入接入“甲一站 == 乙一站”，形成“甲一站 == 乙三站 == 乙一站 == 乙四站 == 甲二站”双侧电源链式接线。本期工程从“甲一站 == 乙一站”现状电缆开断点至乙三站的距离较短（从经东路侧开断距离约 550m，从规划经西公路开断距离约 250m），现状线路开断点均为电缆，且线路所经区域均为城区，已无架空线路走廊，因此采用电缆敷设。

5.6.2 电缆选型

一般来说，电缆选型需要考虑电缆金属护套、电缆外护层、电缆截面、电缆敷设方式与排列、电缆护层的过电压保护及保护接地等因素，本书主要从电缆截面以及电缆敷设方式方面进行详细介绍。

1. 电力电缆截面

电力电缆的载流量是选取电缆截面的主要因素。电力电缆的载流量是指电缆在最高允许温度下，电缆导线允许通过的最大电流。在设计或选用电缆时，应使电缆各部分损耗产生的热量不会导致电缆温度超过最高允许温度。

考虑本期乙二站新上 2×50MVA 主变，该链式接线中另外两站（乙一站、乙四站）主变容量为 2×80MVA。110kV 接线首段线路最大输送潮流约为 105MVA（变压器负载率考虑 50%），采用 1000mm^2 电缆能够满足输送容量要求；远期 110kV 链式接线首段线路最大输送潮流约为 107MVA（变压器负载率考虑 67%，正常方式下单回路供两台 80MVA 主变），采用 1000mm^2 电缆并通过下级电网负荷转移可满足线路输送的要求。

由于排管中电缆敷设情况具有一定的不确定性，本工程按图 5-8 所示相对较严重的情况核算电缆载流量。参考表 5-12，1000mm^2 的交联电缆载流量为 797A，合输送容量为 152MVA，满足系统输送容量要求。

2. 电缆主要参数

综上所述，本工程所有电缆均选用交联聚乙烯绝缘皱纹铝护套电力电缆，型号为 YJLW03-64/110-1×1000mm^2。变电站站内电缆选用阻燃型，型号为

ZB-YJLW03-64/110-1×1000mm^2，最大输送功率为 152MVA。站内电缆终端选用干式 GIS 终端，型号为 YJZGG-64/110-1×1000mm^2；电缆接头选用整体预制式带铜壳保护的绝缘接头，型号为 YJJJI2-64/110-1×1000mm^2。

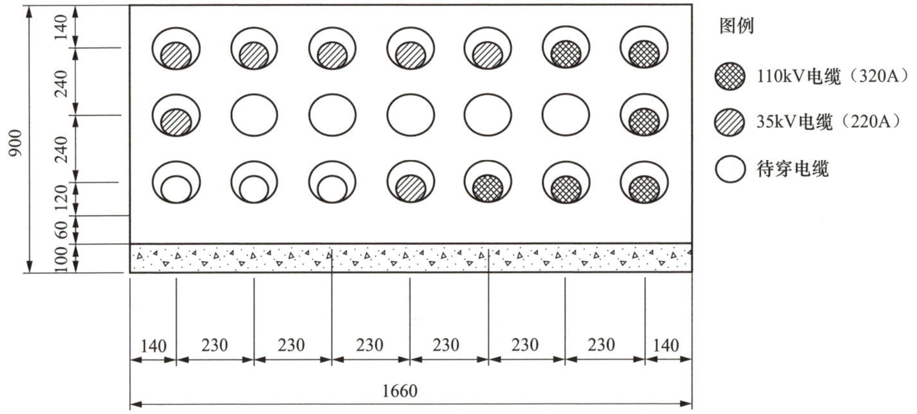

图 5-8 电缆排管载流量计算断面图（单位：mm）

表 5-12 110 ~ 220kV 电缆排管敷设条件下载流量表

电压等级（kV）	电缆截面积（mm^2）	交联电缆载流量（A）
220	1000	756
	800	660
	630	594
110	1600	946
	1200	851
	1000	797
	800	698
	630	631
	400	486

注 计算地温取 30℃，土壤热阻系数按 1K·m/W 取值，电缆按交叉互连接地考虑。

选用电缆具体参数见表 5-13。

表 5–13　　110kV 交联聚乙烯绝缘皱纹铝护套电力电缆主要参数

额定电压（kV）	64/110
标称截面积（mm^2）	1000
绝缘厚度（mm）	16
电缆外径（mm）	101.8
20℃时最大直流电阻（Ω/km）	0.0176
工作电容（μF/km）	0.25
电缆质量（kg/m）	16.76
$\tan\delta \leqslant$	5×10^{-4}
结构	分裂导体
外护套颜色	黑
导体短路电流（250℃）	25kA/2s
金属套短路电流（200℃）	25kA/2s

3. 电缆敷设方式与排列

根据《上海电网规划设计技术导则（试行）》（2014 版），110kV 及以上电缆应采用排管、隧道或专用沟槽敷设方式。结合本工程线路沿线现状的实际条件，并考虑到施工和日后电缆维护方便及运行安全性，本工程 4 回 110kV 电缆均在站内电缆层支架、站区电缆沟及排管内敷设。在排管内敷设采用直角排列方式，在电缆工井内采用电缆夹具进行固定，电缆中间接头在工井内统一采用垂直排列方式，接头用抱箍固定在井内支架上；在乙三站电缆层内支架上采用水平排列方式进行敷设，电缆在支架上进行敷设时采用电缆夹具对电缆分别进行刚性固定及挠性固定。

5.6.3 路径方案

1. 110kV 进线路径

根据变电站接入电网接线方案、图上路径及现场踏勘，本期乙三站 110kV 进线是将“甲一站 == 乙一站”110kV 进线电缆在纬南公路上开断，然后沿经东路或规划经西公路进乙三站。但由于规划经西公路西侧与出线冲突，东侧有现状河流，所以本期进线路径从经东路向南至纬东大街，后折向西至乙三站。该路径仅涉及开挖黑色柏油路面，较容易施工，且符合变电站出线排管规划。

因此，本期乙三站 110kV 进线路径选择如图 5-9 所示。

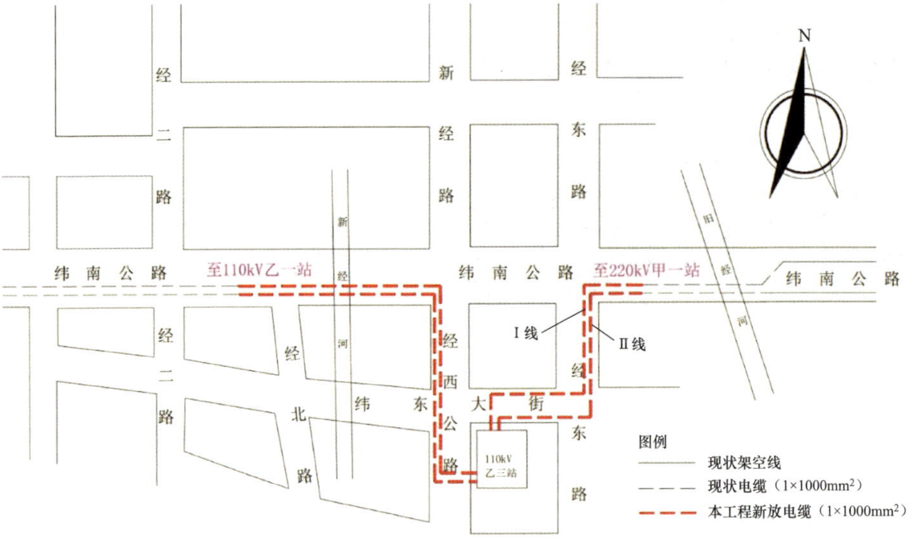

图 5-9 乙三站 110kV 进出线路径图

将“甲一站 == 乙一站”1 号主变 110kV 进线（ I 线）在纬南公路南、经东路东侧开断，新放 110kV 电缆（1 × 1000mm^2）沿经东路向南至纬东大街北，再沿纬东大街北侧新建向西至乙三站，从乙三站北侧 110kV 预留排管孔进入，接至 1 号主变 110kV 进线仓位。

将“甲一站 == 乙一站”2 号主变 110kV 进线（Ⅱ线）在纬南公路南、经东路东侧开断，新放 110kV 电缆（$1\times1000mm^2$）沿经东路向南至纬东大街南侧，再沿纬东大街南侧新建排管向西至乙三站，从乙三站北侧 110kV 预留排管孔进入，接至 2 号主变 110kV 进线仓位。

2. 110kV 出线路径

本期乙三站 110kV 出线可沿规划经西公路或经北路、经二路、荣昌路接至纬南公路。考虑到规划经西公路，经二路，经北路与纬南公路排管衔接方面，推荐乙三站出线沿规划经西公路向北至纬南公路，后折向西，与原电缆接通。

从 110kV 乙三站内 1 号主变 110kV 出线仓位，沿乙三站西侧预留 110kV 排管孔，新出 1 回（Ⅰ线）110kV 电缆（$1\times1000mm^2$），出站后沿新建排管至经西公路西侧，再沿经西公路西侧新建排管向北至纬南公路，接通“甲一站 == 乙一站”110kV 进线（Ⅰ线）电缆。

从 110kV 乙三站内 2 号主变 110kV 出线仓位，沿乙三站西侧预留 110kV 排管孔，新出 1 回（Ⅱ线）110kV 电缆（$1\times1000mm^2$），出站后沿新建排管至经西公路西侧，再沿经西公路西侧新建排管向北至纬南公路，接通“甲一站 == 乙一站”110kV 进线（Ⅱ线）电缆。

乙三站 110kV 进出线实际走向情况如图 5-10 所示。

3. 新建排管路径

为配合本期 110kV 电缆敷设及 110kV 乙三站远期出线，需要在乙三站周边建设配套的电缆排管。根据现场实际情况，周边道路的具体管位如下。

（1）经东路（纬南公路以北路段）。该路段为现状道路，规划道路红线宽度为 24m，两侧无绿化带，已实施道路宽度为 11m，道路中心线两侧各 5.5m 机非混合车道。该规划电力电缆敷设于道路中心以东 3.5m 处，详见图 4-16。

（2）经东路（纬南公路—纬东大街）。该路段为现状道路，规划道路红线宽度为 24m，两侧无绿化带，已实施道路宽度为 11m，道路中心线两侧各

5.5m 机非混合车道。该规划电力电缆敷设于道路中心以东 3.5m 处，详见图 5-11 所示经东路（纬南公路—纬东大街）现状道路断面及管位图。

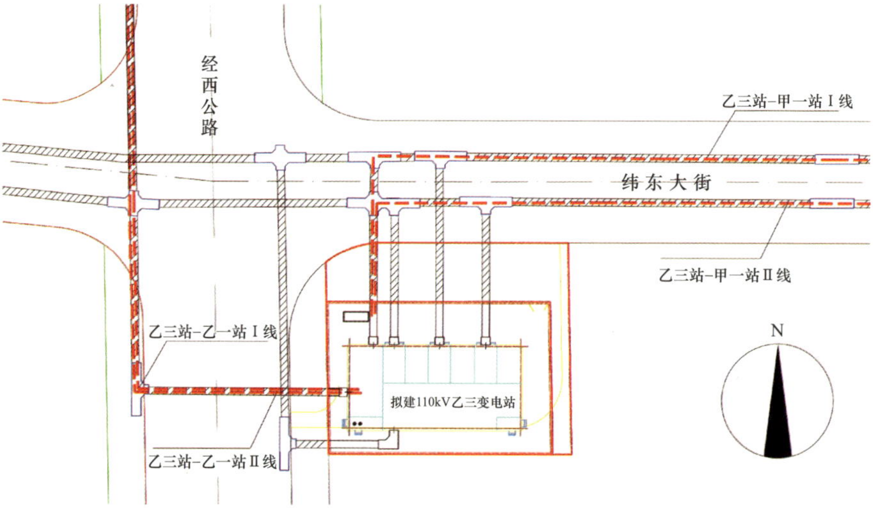

图 5-10　乙三站 110kV 进出线实际走向图

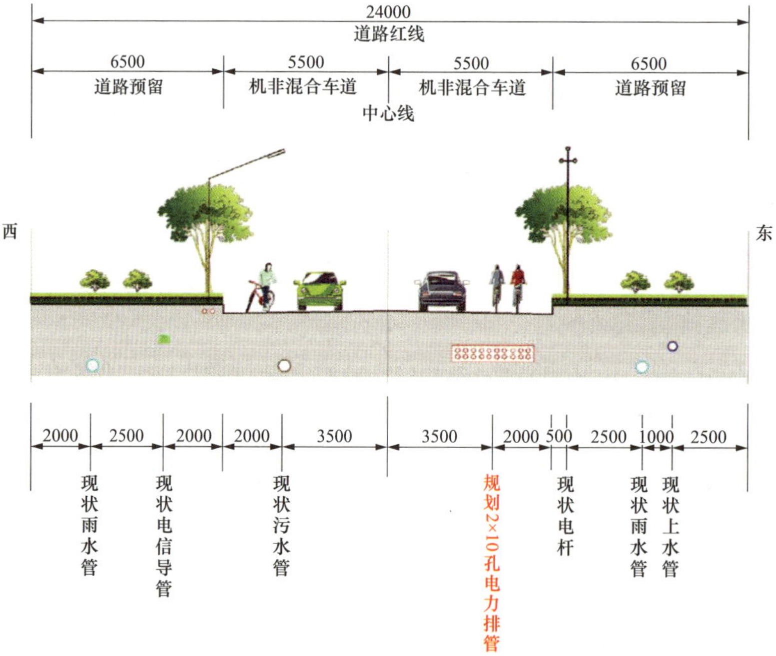

图 5-11　经东路（纬南公路—纬东大街）现状道路断面及管位图（单位：mm）

（3）纬东大街（经西公路—经东路）。该路段为现状道路，规划道路红线宽度为 32m，两侧无绿化带，已实施道路宽度为 16m，道路中心线两侧各 8m 机非混合车道。该规划电力电缆敷设于道路中心以南 6m 和道路中心以北 6m，见图 5-12 所示纬东大街（经西公路—经东路）现状道路断面及管位图。

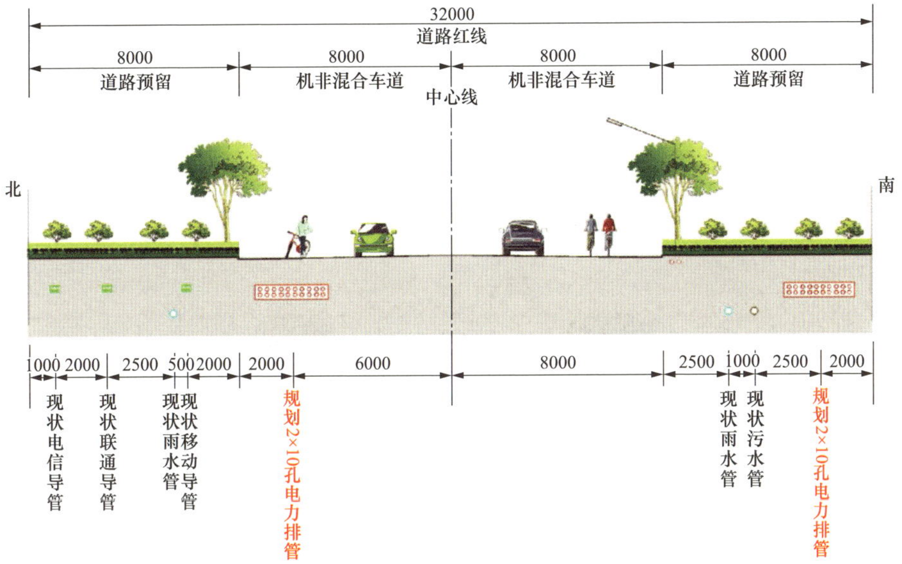

图 5-12 纬东大街（经西公路—经东路）现状道路断面及管位图（单位：mm）

（4）纬东大街（经北路—经西公路）。该路段为现状道路，规划道路红线宽度为 32m，两侧无绿化带，已实施道路宽度为 11m，道路中心线两侧各 5.5m 机非混合车道。该规划电力电缆敷设于道路中心以南 8m 和道路中心以北 3.5m，详见图 5-13 所示纬东大街（经北路—经西公路）现状道路断面及管位图。

（5）经西公路（纬南公路以北路段）。该路段为现状道路，规划道路红线宽度为 40m，两侧各 10m 绿化带。该路段为规划道路，道路中心线两侧各 7m 机动车道、4m 隔离带、3.5m 非机动车道和 5.5m 道路预留。

该规划电力电缆敷设于道路中心以西 22m 处和道路中心以东 18.5m，详见图 5-14 所示经西公路（纬南公路以北路段）规划路现状道路断面及管位图。

综合上述选线结果，同时结合现场实际踏勘情况，新建排管具体路径及地理走向情况如图 5-15 及图 5-16 所示。

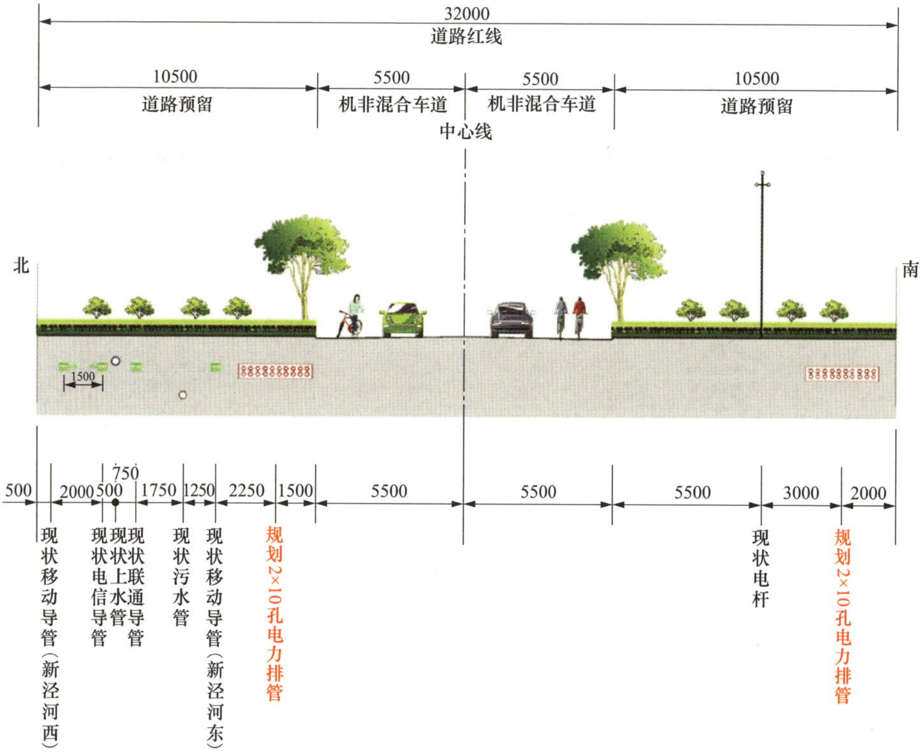

图 5-13　纬东大街（经北路—经西公路）现状道路断面及管位图（单位：mm）

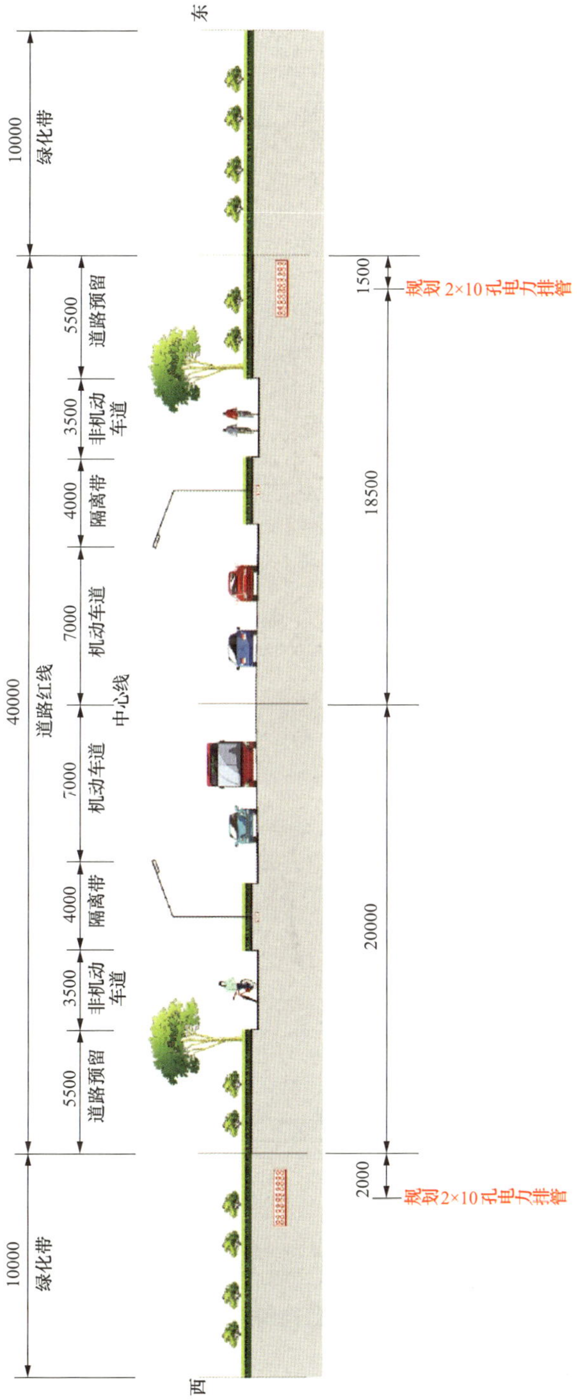

图 5-14 经西公路（纬南公路以北路段）规划路现状道路断面及管位图（单位：mm）

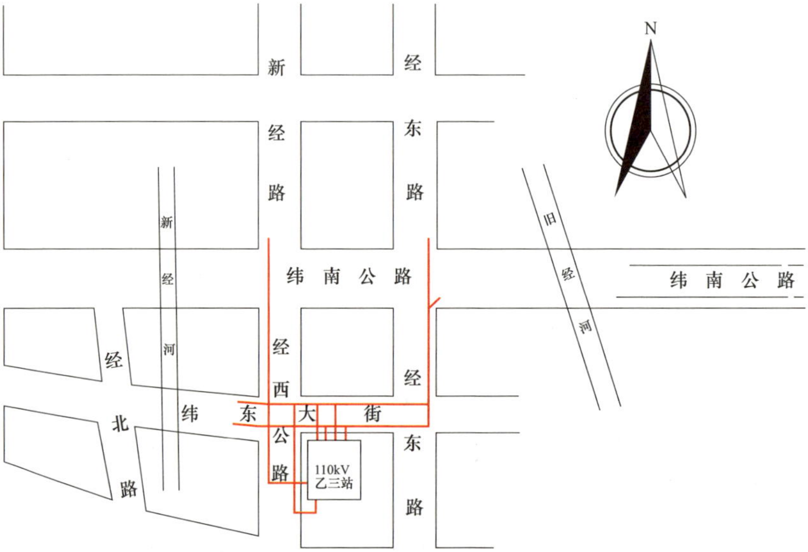

图 5-15　新建排管路径示意图

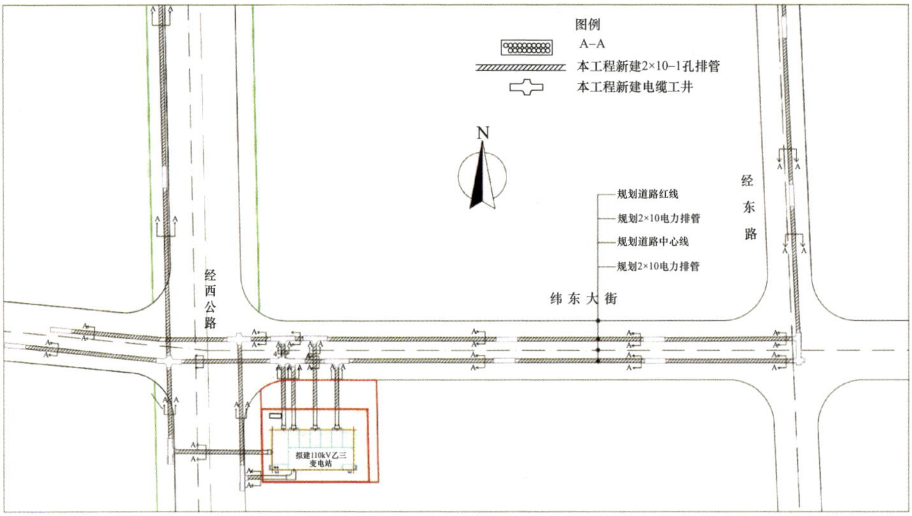

图 5-16　新建排管地理走向示意图

5.7 变电站 10kV 出线方案

110kV 乙一站位于新建乙三站东北方位，承担 A 工业区毗邻片区供电任务，主变容量为 2×50MVA，负载率较高，所供负荷主要为工业负荷。乙一站 10kV 出线主要为 10kV 电缆网，除少量负荷较高的直供用户以及规定应由变电站直供的重要用户外，乙一站 10kV 电缆出线只供给开关站，再由开关站转供环网站和用户。接线形式采用变电站直供终端开关站的单环式接线模式、终端开关站供终端开关站的单环式接线模式以及中心开关站供终端开关站的单环式接线模式。具体电网接线图如图 5-17 所示。

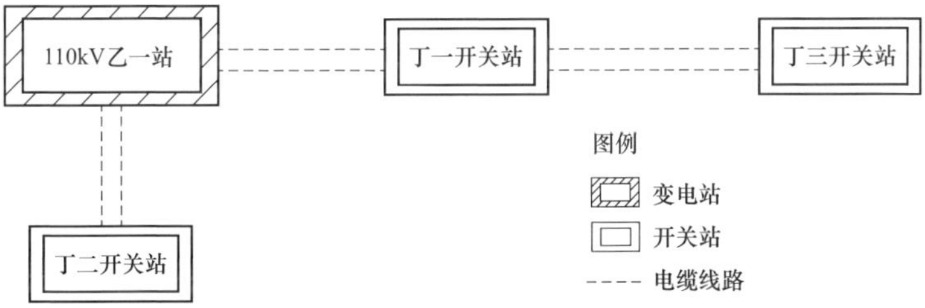

图 5-17 乙一站所供 10kV 配电网接线图

新建乙三站地理位置距离乙一站较近，且周边排管通道均已打通，具备电缆敷设条件。为充分发挥乙三站效益，降低乙一站负载率，通过新建乙三站 10kV 出线转供乙一站部分 10kV 负荷。考虑到乙一站、乙三站地域功能定位以及现状中压配网接线情况，拟构建一串钻石型配电网接线。

钻石型配电网主干网接线是以全部进出线均配置断路器的开关站为核心节点，采用双侧电源 4 回路就近供电，全部线路形成环网连接、开环运行并配置自愈功能的双环式结构，故障发生后可在秒级恢复供电。本实例 10kV 出线接线具体方案为，由乙三站新出两路 10kV 电缆出线供丁二开关站，丁二开关站环出两路出线连接丁三开关站，构成一个典型的钻石型配电网接线，在灵活转移负荷的同时还可以有效提升供电可靠性。乙三站 10kV 出线电网接线如图 5-18 所示，"乙一站 == 乙三站" 钻石型配电网接线如图 5-19 所示。

图 5-18 乙三站 10kV 出线电网接线图

变电站；开关站；--- 原电缆线路；--- 新放电缆线路

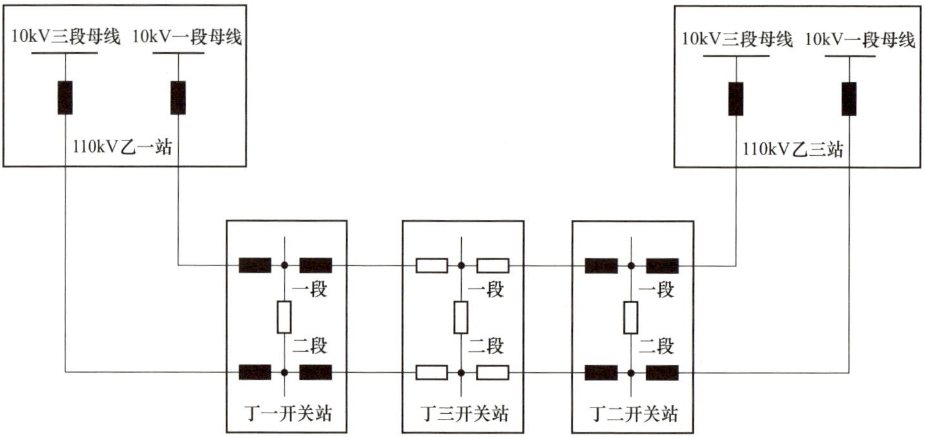

图 5-19 "乙一站 == 乙三站" 钻石型配电网接线图

断路器合位；断路器分位

小结

本章以 A 工业区内东片产业区为例 110kV 变电站规划设计为实例，在内容上与 1 ~ 4 章相对应。结合实例背景从负荷预测、电力平衡出发，依次介绍了变电站的站址选择、变电站电源接入、变电站的电气主接线，并依据电气主接线的要求对变电站的主设备进行了选型，最后对变电站的进出线选线以及 10kV 出线接线进行了详细介绍。从工程实践角度，为读者勾画出变电站规划设计的轮廓，做到理论与实际相结合，进而深化对相关知识的理解。

附录 其他国家和地区特色中压配电网结构

1. 新加坡单花瓣电网

（1）“单花瓣”电网结构的定义。新加坡整个电网采用以变电站为中心的花瓣形接线，即同一个双电源变压器并联运行的变电站（66/22kV）的每两回馈线构成环网，闭环运行，不同电源变电站的花瓣间设置联络断路器，处于常开状态。22kV 配电线路均装设纵差保护，至客户或变压器的支路采用过流和接地保护，如附图 1 所示。

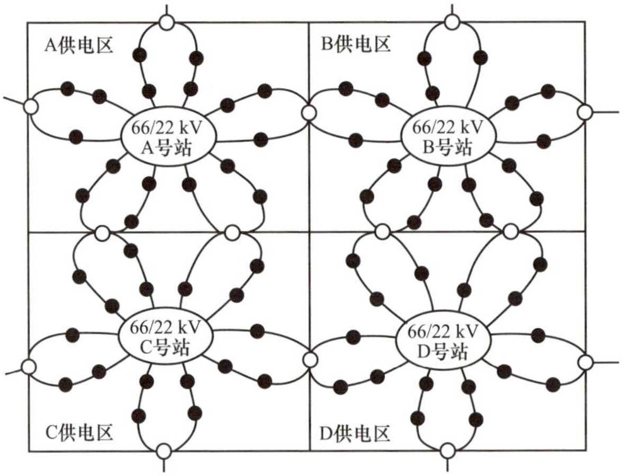

附图 1 “单花瓣”配电网结构示意图

○—联络点；●—配电站

由一个变电站的一段母线引出的一条出线环接多个配电站后，再回到本站的另一条母线，由此构成一个“花瓣”。多条出线便构成多个“花瓣”，多个“花瓣”构成以变电站为中心的一朵“花”。每个变电站就是一朵“花”，原则上不跨区供电，通过“花瓣”相切的方式满足故障时的负荷转供，构成多朵“花”供电的城市整体网架。

（2）“单花瓣”电网结构的特征。“单花瓣”电网结构的优点包括：

1）可靠性高。单一线路故障时，纵差保护动作，切除故障，系统不停电；同一环两回馈线故障或变电站全站失电时，通过闭合联络断路器使系统短暂停电；重要用户满足 N–1–1。

2）可扩展性好。新的供电区可通过联络断路器扩展，构成多朵“花”供电的整体框架。

“单花瓣”电网结构也有缺点，例如闭环运行时，系统短路电流较大，对断路器的要求比较高；22kV 配电网继电保护比较复杂。

2. 我国雄安地区“双花瓣”电网

（1）“双花瓣”电网结构的定义。我国雄安地区的 10kV 配电网采用的是新型的“双花瓣”结构，和新加坡地区的“单花瓣”结构类似，由一个 110kV 变电站的一段母线引出的一条出线环接多个 10kV 配电站后，再回到本站的另一条母线，由此构成一个“花瓣”，由另一个 110kV 变电站的一段母线引出的一条出线环接相同的 10kV 配电站后，也构成一个“花瓣”，即“双花瓣”，如附图 2 所示。

（2）“双花瓣”电网结构的特征。10kV“双花瓣”电网结构的优点包括：闭环运行实现线路 N–1 故障情况下用户不停电；10kV 满足检修方式下 N–1；理论供电可靠率 99.99990721%。

3. 日本东京地区六分段三联络结构

日本东京地区 6.6kV 架空网采用六分段三联络结构，如附图 3 所示。采用这种结构的优点是分段明确，缩小停电范围；线路负载率高；投资少。

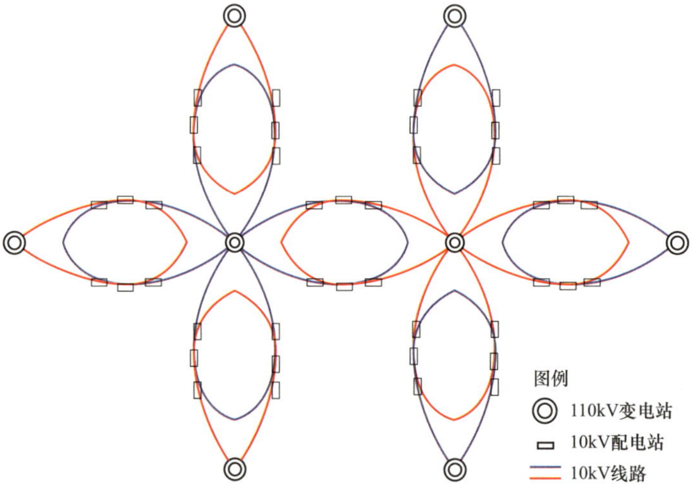

附图 2 “双花瓣”配电网结构示意图

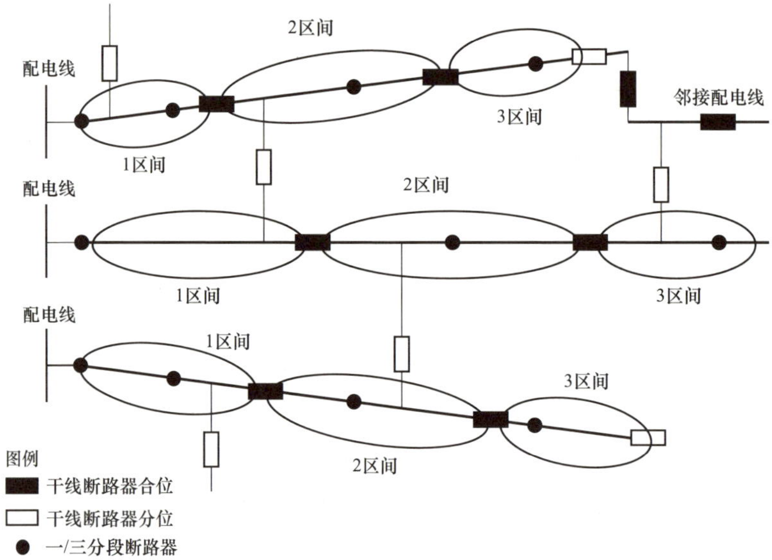

附图 3 6.6kV 架空网六分段三联络结构示意图

4. 我国香港地区合环环网结构

我国香港地区中压配电网为电缆环网，正常闭环运行，即合环环网结构，目前已建成梅花形多环网络，实现 N 供 1 备，如附图 4 所示。同时，电缆环网网络全部配置光纤纵差保护，可以实现零秒切除故障，5min 内完成转电。采用这种结构的优点是可靠性高：单一线路故障时，对用户无影响；主供线路故障转至备用，迅速恢复供电。

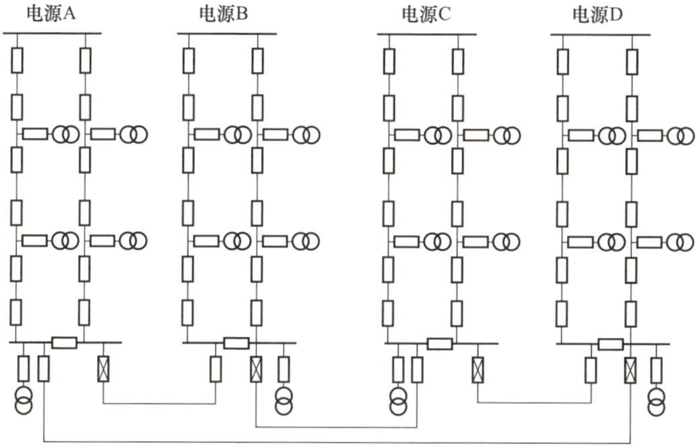

附图 4　合环环网结构示意图

5. 法国巴黎地区双环网多分段结构

法国巴黎地区的中压配电网采用双环网多分段结构，这种结构首末两端都有电源，双路电源供电运行，中间配置可远程操作的分段断路器，中压负荷从两条并行供电线路同时取电，通过自动切换装置实现备用电源切换，如附图 5 所示。这种结构的优点是：可靠性高；电缆故障时转由另一路电缆供电；配电变压器双接入；电源变电站事故全停时，负荷转由另一个电源变电站供电，都只会短暂停电。

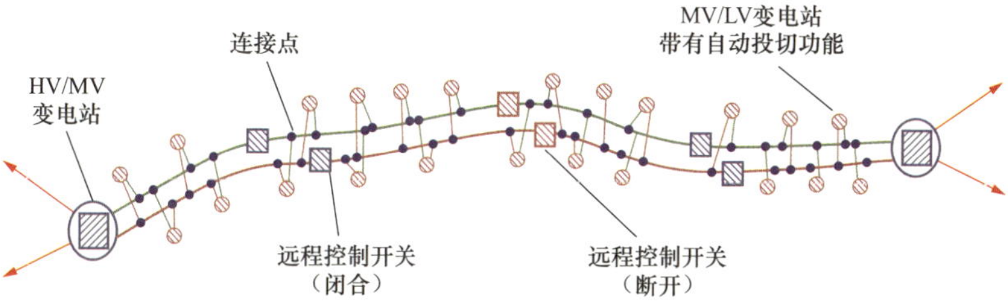

附图 5　双环网多分段结构示意图

参考文献

[1] 上海市地方志编纂委员会. 上海市志・工业分志・电业卷(1978—2010)[M]. 上海：上海辞书出版社，2021.

[2] 电力工业部电力规划总院. 电力系统设计手册[M]. 北京：中国电力出版社，1998.

[3] 国网北京经济技术研究院. 电网规划设计手册[M]. 北京：中国电力出版社，2015.

[4] 王辑祥，王庆华，梁志坚. 电气接线原理及运行[M]. 2版. 北京：中国电力出版社，2012.

[5] 苗世洪，朱永利. 发电厂电气部分[M]. 5版. 北京：中国电力出版社，2015.

[6] 国家电网公司. 配电网规划设计手册[M]. 北京：中国电力出版社，2015.

[7] 国家电网有限公司. 国家电网有限公司输变电工程通用设备：35～750kV变电站分册[M]. 北京：中国电力出版社，2018.

[8] 中国电力工程顾问集团有限公司. 电力工程电气设计手册[M]. 北京：中国电力出版社，2018.

[9] 中国电力工程顾问集团有限公司，中国能源建设集团规划设计有限公司. 电力工程设计手册：变电站设计[M]. 北京：中国电力出版社，2019.

[10] 国网山东省电力公司. 配电网规划技术与实践[M]. 北京：中国

电力出版社，2019.

［11］何仰赞，温增银．电力系统分析［M］．4版．武汉：华中科技大学出版社，2016.

［12］舒印彪．配电网规划设计［M］．北京：中国电力出版社，2018.

［13］程浩忠．电力系统规划［M］．北京：中国电力出版社，2008.

［14］阮前途，谢伟，张征，等．钻石型配电网升级改造研究与实践［J］．中国电力，2020，53（06）：1-7+63.

［15］张烈金，葛树国．110kV变电站电气主接线方案选择［J］．中国新技术新产品，2013（24）：117-118.

［16］崔海东．110kV变电站主接线的选择［J］．水电站机电技术，2015，38（12）：27-29.

［17］严正国，王浩然．110kV降压变电站一次部分初步设计［J］．工业控制计算机，2020，33（07）：144-145+165.

［18］陈春茂．地方电网110kV变电站电气主接线选择［J］．四川水利，2004，26（5）：15-17.

［19］北京市电力公司．配电网技术标准　规划设计分册［M］．北京：中国电力出版社，2010.

［20］蓝毓俊．现代城市电网规划设计与建设改造［M］．北京：中国电力出版社，2004.

［21］杨冠城．电力系统自动装置原理［M］．3版．北京：中国电力出版社，2005.

［22］单渊达．电能系统基础［M］．北京：机械工业出版社，2001.

［23］华北电业管理局组．变电运行技术问答［M］．北京：中国电力出版社，1997.

［24］张全元．变电运行现场技术问答［M］．3版．北京：中国电力出版社，2016.

［25］国家电力调度控制中心．电网调控运行人员实用手册［M］．北京：中国电力出版社，2013.